新妈妈读懂婴语
全攻略

陈 霞 著

西苑出版社
XIYUAN PUBLISHING HOUSE
北京

图书在版编目（CIP）数据

新妈妈读懂婴语全攻略 / 陈霞著 . — 北京：西苑
出版社，2013.12
　　ISBN 978-7-5151-0410-2

　　Ⅰ . ①新…　Ⅱ . ①陈…　Ⅲ . ①婴幼儿 – 哺育 – 基本知
识　Ⅳ . ① TS976.31

　　中国版本图书馆 CIP 数据核字（2013）第 248620 号

新妈妈读懂婴语全攻略

作　者	陈　霞
责任编辑	张照富
出版发行	西苑出版社
通讯地址	北京市朝阳区和平街11区37号楼
邮政编码	100013
电　话	010-88637122
传　真	010-88637120
网　址	www.xiyuanpublishinghouse.com
印　刷	北京中印联印务有限公司
经　销	全国新华书店
开　本	710mm×1000mm　1/16
字　数	150千字
印　张	14
版　次	2014年1月第1版
印　次	2014年1月第1次印刷
书　号	ISBN 978-7-5151-0410-2
定　价	29.80元

序 言

新妈妈，你懂婴语吗？

（代序）

对很多新妈妈来说，这种情形一定不陌生吧：宝宝一直哭个不停，声音响亮而凄厉，小手握着拳，小腿不停地蹬着，显得烦躁不安，无论如何也无法搞定。宝宝到底怎么了？

这时妈妈还不能解读宝宝的神秘语言，不知道宝宝想干什么，不能好好地宽慰宝宝，宝宝很委屈，妈妈很纠结，很苦恼。

其实，从呱呱坠地开始，宝宝就在用他独有的语言——婴语与这个世界交流着。通过婴语，宝宝让父母了解他们的需求——困了，饿了，开心了，烦躁了……因此，了解婴语，与宝宝用婴语交流，就成了新妈妈们的必修课。

婴语是婴儿表达需求和生理情况的一种自我保护能力，

这个时期的宝宝不会讲话，只能通过行为、表情、声音等来引起妈妈关注。然而对于有的新妈妈来说，要完全理解宝宝的语言还存在一定难度，有时候妈妈理解的意思往往与宝宝的意愿风马牛不相及。更有些妈妈在宝宝成长的关键期，错过了这些有趣的语言，从而与宝宝有了代沟。等妈妈们意识到宝宝会表达的时候，宝宝已经能用简单的语言与人打交道了，比如说"谢谢""再见""要""不要"等，甚至会伸小指头说出想要的东西。

然而，这个时候，妈妈们已经无可挽回地错过了宝宝语言最丰富、最机灵的0—1岁了……

不过，新妈妈别着急，世界上任何东西都有方法，宝宝的语言世界也如此。父母通过学习婴语，能够更好地了解宝宝的需要，真正做到与宝宝心有灵犀，实现亲子沟通的第一步。

良好的亲子关系能使宝宝的情绪始终处于愉悦的状态之中，这对提高宝宝的身体抵抗力也有很大的帮助。有研究表明，经过心理测试判定为更快乐的人，他们在接种了流感疫苗后产生的抵抗流感病毒的抗体要比平均水平高出50%。

美国威斯康星大学的心理学和精神治疗学教授戴维森在实验中也发现，当人感到快乐时，一种叫作皮质醇（皮质醇会压抑人体的免疫抗病功能）的化学物质在大脑中的含量就会减少。而当人感受到压力时，人脑就会相应地产生这种化学物质。可见快乐的情绪是可以帮助提高身体抵抗力的。那么，新妈妈们，从现在开始多学习一些宝宝婴语，准确解读宝宝的语言，让你的宝宝做个快乐的小天使吧！

对于新妈妈来说，喂养与护理好宝宝，需要与他进行交流，懂得他在"说"什么。不仅如此，而且不管是在给宝宝添加辅食、换尿布或者带他外出，都不要让宝宝过久地一个人在玩耍，也不要把宝宝当成附带品，而是要学会聆听宝宝的声音，主动与其说说话。否则，他就容易产生孤独感，不利于成长。

随着宝宝身体的一天天长大，他们的表情也开始更加丰富，也从无意识过渡到有意识，表达目的性会更加突出，宝宝的表情语言也更加容易辨识。

读懂宝宝的婴语，了解宝宝各种语言背后的意义，正确回应宝宝的情感需求，你才能正确并快乐地和宝宝沟通，让宝宝健康成长。

目录
CONTENTS

第一章 表情语言——宝宝最常见的面部表情

第一节 婴语之哭泣——宝宝最擅长的沟通语言/3

　　1.短而有力地哭：我饿了！给我奶/4

　　2.讨好地哭：困死啦/5

　　3.无聊地哭：妈妈，我不想睡床上/6

　　4.哼哼唧唧地哭：我受不了脏尿布，快给我换换吧/7

　　5.焦急地哭：太热了，我很不舒服/8

　　6.哭闹不止：肠绞痛/9

　　7.尖声剧烈地大哭：我受伤了/9

　　8.烦躁地哭：瞧这乱劲儿！我受不了了/10

　　9.无力地哭：我可能病了/10

　　10.哭得来劲：锻炼身体/11

　　11.睡前哭醒来哭：我没事啦/11

　　12.表情语言——"哭"的意义大测试/11

第二节 婴语之笑容——宝宝成长的“刻度尺”/15

1.宝宝笑容之一：嫣然一笑/15

2.宝宝笑容之二：一笑即收/16

3.宝宝笑容之三：狡猾地笑/17

4.宝宝笑容之四：手舞足蹈地笑/18

5.宝宝笑容之五：笑成眯眯眼/19

6.宝宝笑容之六：又哭又笑/20

7.宝宝笑容之七：眼笑嘴不笑/20

8.宝宝笑容之八：咧嘴笑/21

9.新妈妈怎样逗乐宝宝/22

10.爱笑宝宝更可爱/24

11.培养爱笑宝宝应该注意些什么/26

12.从微笑看宝宝的性格/28

第三节 婴语之皱眉宝典——宝宝在表达情绪/30

1.拉大便，我要用力呀/30

2.好酸，不信你自己试试看呀/31

3.扰人香梦是不对的，妈妈好讨厌/32

4.妈妈不要不理我/32

第二章 不同阶段宝宝的表情语言

第一节 0—6个月的宝宝的表情语言/37

1.瘪嘴：要求/37

2.噘嘴、咧嘴：要小便/38

3.懒洋洋：我吃饱了/39

4.吮吸：我饿了/39

5.喊叫：烦恼/40

6.爱理不理：我想睡觉了/40

7.小脸通红：大便前兆/41

8.吮手指、吐气泡：别理我/41

9.乱塞东西：长牙痛苦/42

10.严肃：缺铁/43

11.眼神无光：生病了/43

第二节 6—12个月的宝宝表情语言/45

1.个性是这样养成的/45

2.欢迎和拒绝的表示/46

3.摇头容易点头难/47

4.手指上的精细语言/47

5.有意识的语言如同天籁美好/48

第三节 抓住宝宝表情变化的关键时刻/50

1.面对恐惧，不哭反而笑/50

2.半睡半醒间，宝宝要的是一份安全感/52

3.十个月的孩子，你以为他不懂占有吗/53

4.怎样疏通亲子交流的困惑/53

第四节 宝宝表情练习题/55

1.0—1个月，寂寞的宝宝想听妈妈说话/55

2.1—2个月，一三五唱歌，二四六做游戏/56

3.2—3个月，让宝宝开心"聊"/56

4.3—6个月，以游戏的方式叫宝宝的名字/57

5.6—9个月，多给宝宝讲故事/58

6.9—10个月，特色声音训练游戏/59

7.10—11个月，"百宝箱"游戏/60

8.11—12个月，先叫爸爸还是妈妈/61

第三章 肢体语言——与妈妈互动的第一步

第一节 宝宝心里不爽的"小动作"/65

1.抓头皮：真着急，我不知怎么办/65

2.扔东西：我很烦，我不要/66

3.揉鼻子：急呀，妈妈快来抱我/68

4.揉眼睛：我困了，妈妈我要睡觉/69

5.疯狂摇头：受不了啦/71

6.撇嘴哭：妈妈我害怕/72

第二节 睡不安稳的"孔雀开屏舞"/74

1.一场无意识的宝宝独舞/74

2.宝宝晚上喂奶的注意事项/77

3.如何戒掉吃夜奶的习惯/77

第三节 兴高采烈地"乱舞"/80

1.拉哆来咪：好喜欢这个胎教音乐/80

2.欢迎与拍拍手：宝宝会"讨好"妈妈了/83

3.恭喜发财：融入成人世界的宝宝/83

4.打电话：宝宝开始探索未知世界/83

5.小手点鼻子：训练宝宝认识自己/84

6.宝宝不乖：教会宝宝正误/84

第四节 妈妈围观，宝宝的8大本能反应/85

1.到处寻奶喝/85

2.用力握紧小拳头/86

3.呛到口水会自己咳嗽/87

4.看到妈妈蜷缩身子/88

5.会用嘴巴练习吸吮/88

6.靠自己力量从床上滚起来/89

7.会踏步会抬步/89

8.做出拉弓射箭的动作/90

第五节 宝宝手势知多少/91

1.宝宝握拳/91

2.手掌用力展开/92

3.骄傲的孔雀手/92

4.海底捞月/93

5.乱抓乱爬，群魔乱舞/93

6.犹抱琵琶半遮面/93

7.兴奋地拍肚皮/94

8.自残/94

第六节 宝宝用脚丫在思考/95

1.为宝宝做腿部按摩/95

2.给宝宝来个脚底按摩/96

3.脚底按摩7步护理/96

4.腿部动作训练营/98

5.宝宝小脚丫的9大问题/100

第四章 眼睛的秘密——宝宝的视角有多美妙

第一节 进化防护墙,妈妈来把守/107

1.0—1岁宝宝视角发育/107

2.怎么发现宝宝有视力问题/110

3.让宝宝眼睛明亮的营养/111

4.避免生活中两种光线/114

第二节 进化训练营,妈妈来参军/115

1.宝宝视觉发育锻炼方法/115

2.练就一双会说话的眼/116

3.保护宝宝眼睛5大行动/118

第三节 宝宝最常见的眼神语言/122

1.新生儿视力的特征/122

2.从小重视与宝宝的目光交流/124

3.宝宝需要爱的眼神/125

第四节 宝宝的眼睛警铃/127

1.宝宝眼睛警铃大筛查/127

2.培养宝宝用眼习惯/128

3.宝宝的眼睛会说话/129

第五节 培养安稳睡眠宝宝/135

1.宝宝的睡眠特性/135

2.引起宝宝睡不稳的原因/136

第五章 声音语言——开启宝宝的社交大门

第一节 小社交，大学问，读懂宝宝的社交能力/145

1.宝宝咿呀学语/145

2.宝宝用嘴巴来建立关系/148

3.好妈妈的表现要稳定/149

4.宝宝要建立自己的关系/150

第二节 婴语世界为妈妈打开了一扇门/152

1.欢迎宝宝到来，好妈妈当好″导游″/152

2.永远不要让宝宝感到寂寞/155

3.使用婴语与宝宝交流/156

4.智力发育有时候超越语言能力太多太多/158

第三节 给宝宝"爱的发声练习"/160

1.1个月：唤起宝宝的名字/160

2.4个月：语音小游戏/161

3.7—9个月：模仿与口腔练习/161

4.9个月后：多听儿歌/162

5.宝宝12个月：重复正确发音/162

第四节 声调里的秘密/163

  1.宝宝声音的分化/163

  2.逗宝宝发音的方法/164

  3.训练宝宝的听力/165

第六章 妈妈爱婴语单词

第一节 婴语单词表/169

  1.湿疹：过敏性皮肤病/170

  2.呛奶、溢奶：每个宝宝要经历的/171

  3.辅食添加：养成进食习惯/172

  4.咳嗽：肌体防御反射/173

  5.睡眠不好：闹觉、夜惊、失眠/173

  6.缺钙：容易夜里苦恼/174

  7.肠胶痛：肠道蠕动不规则/174

  8.大便：饮食不当，缺水所致/175

  9.发热：免疫力较低引起/175

  10.中耳炎：奶汁流进耳朵感染/176

  11.流口水：吞咽功能不健全/177

  12.怕水：宝宝缺乏安全感/178

  13.安抚：独立意识觉醒/178

  14.吃药："神不知，鬼不觉"地喂药/179

  15.喝水：每天摄取足量水分/180

  16.认生：社会意识觉醒/180

  17.依恋：神奇的亲子关系/181

第二节 婴儿手语，你知多少/183

　　1.婴儿手语是什么/184

　　2.6—9个月的宝宝可教手语/185

　　3.不断和宝宝进行手语交流/185

　　4.手语促进宝宝智力发育/185

　　5.用惯手势，是否变得不爱用口语表达/186

第三节 妈妈和宝宝一起练手语/188

　　1.妈妈必学的手语/188

　　2.教宝宝手语的要领/190

第四节 探索宝宝的思维进程/193

　　1.吃奶的婴儿已经有思维了/194

　　2.成年的猴子与婴儿/195

　　3.宝宝的思维发展进程/196

　　4.创意思考促进方案/196

附　录 婴语四六级考试，你能得多少分？

后　记 做个细心的好妈妈

第一章

表情语言——宝宝最常见的面部表情

第一节

婴语之哭泣——宝宝最擅长的沟通语言

新生宝宝最擅长的事情就是哭泣。对于我们大多数人来说，啼哭就代表着眼泪、声音、情绪等。其实，其背后的意义远不止这些。

如果你认为宝宝的啼哭仅仅传达宝宝的不开心，那只会哭的宝宝是不是太可怜了？如果有一种声音转换器——宝宝哭声转换器，那么，你会发现宝宝那令你焦躁不安的哭泣语言需要你的理解。

每一位妈妈都需要当好自己宝宝的特殊翻译，能够从他们的哭声里辨出不同的涵义。

曾经有人做过一项实验：如果把新生儿每一次哭声都精确记录累加的话，宝宝每天大约要哭 3 个小时。厉害吧？也许你没有想到宝宝会哭这么久！宝宝可不是哭一次把时间全部用完，而是每一次的哭声在诉说不同的事情。看到这里，你或许会很好奇，宝宝到底每一次是想表达什么呢?

1. 短而有力地哭：我饿了！给我奶

　　宝宝呱呱坠地，来到世上，就学会了哭泣。哭泣是婴儿最初也是最擅长的表达方式。一般三周以内大小的健康宝宝，哭泣主要是因为饿了。妈妈一听到哭声就会赶紧喂奶，小家伙则马上停止哭泣，"咕咚咕咚"吃起奶来，露出惬意的样子。

　　随着宝宝的长大，情绪和需求变得更加清晰化，哭声的表达方式也丰富起来。哭的频率和音调也会有不同，但有一种哭声很典型，细心的妈妈对其十分熟悉。那就是饿哭的声音。

　　这种哭声是这样的，通常先急促地哭一声，歇一小会儿后，再哭一声，似乎在说"饿——饿——"，而且持久地重复这个模式。只要不是饿得很厉害，宝宝的情绪基本稳定。妈妈一定要细心识别这种哭声，只要你一喂奶，宝宝的哭声就会停止。

　　当然，除了通过哭声来判断宝宝是否饿了外，妈妈还可以观察宝宝的动作。一般，处于饥饿的宝宝还会本能地张着小嘴四处寻觅，如果你将他抱起来，他马上就会做出努起嘴到处寻找的动作。如果你用个干净的手指放在他的小嘴里，他会很用力地吸起来，这时你就要试着给宝宝喂奶了。

2. 讨好地哭：困死啦

婴儿睡眠时间相对较长，经常是一副睡不醒的样子，甚至一边吃一边就睡着了。同时，婴儿对睡眠的质量要求也高。如果因为环境的嘈杂或者别的原因影响了宝宝睡觉，他也会用哭来宣泄自己的情绪。在开始时哭声大，有点声嘶力竭，表现为烦躁，如果还不能让宝宝安安静静地睡觉，他就会哭一会儿睡一下，然后又哭，甚至刻意大哭起来。

因为睡不好而疲劳发出的哭声，你可能觉得宝宝受到了很大的委屈，这时你很难想到宝宝只是想睡觉。这种哭声十分强烈，其音调有点像"花腔"一样颤抖和跳跃。这时，最明智的做法是你要尽可能把宝宝转移到安静的环境里去或者隔绝音源，再把宝宝放到小床上，用手轻轻地拍拍他，让他尽快入睡。

宝宝越疲劳，越难安静，哭声也越强烈。所以照顾宝宝时，一定要细心观察他的一举一动，一旦发现他想睡觉，就别再逗他，而是尽快哄他入睡。

3.无聊地哭：妈妈，我不想睡床上

当然，宝宝大哭除了是因为饿了或者困了，还有其他的原因。或许，你会经常遇到这样的情况：明明宝宝睡着了，但当你要把他放到床上的时候，他忽然醒了并大哭起来。这时，宝宝到底想要干什么，不是睡着了吗？其实，这是黏人宝宝的惯用小伎俩。他是想告诉你："妈妈，我不要在床上睡，你抱着我睡吧！"

不管哭得多厉害的宝宝，只要被妈妈一抱起来，就马上不哭了，而换了别人却不管用。为何宝宝要和妈妈肌肤亲近，听着妈妈的心跳，闻着妈妈的味道，才能安心入睡呢？因为在怀胎十月的日子里，宝宝一直在一个温暖狭小的空间里生活，刚刚出生后没多久，他当然不会忘记那种感觉，反而深深怀念在妈妈那温暖而安全的子宫里的生活！

尽管外面的世界很精彩，但对新生的宝宝来说却是完全陌生的世界，在这个陌生的世界里，还要慢慢适应。

有一些宝宝更喜欢被抱着，几乎是"放不下来"，这让妈妈感到又累又苦恼。这时，妈妈要宽心和有耐心，可以换个角度想一想，自己与宝宝亲近的机会更多了。特别对于3个月内的宝宝，不用担心这样做会宠坏他。因为宝宝听到妈妈熟悉的心跳声，闻到妈妈熟悉的味道，让他很有安全感。

但值得注意的是，并不是缠人的宝宝，总喜欢被抱着睡觉，也许上次哭是因为想让你抱抱，而下次可能想让你放下他。宝宝的需求不是一成不变的，如果妈妈抱起或放下他，他能安静下来，说明你做对了。

4. 哼哼唧唧地哭：我受不了脏尿布，快给我换换吧

对脏尿布的忍耐程度，宝宝的表现完全不一样。有的宝宝感到自己臀部有异物，会在第一时间告诉你，即马上哼哼唧唧哭泣起来。这些为了要换尿布而哭的宝宝，都会表情尴尬、哼哼唧唧，

不过眼睛是干的，没有眼泪，而且显得很烦躁。这时，妈妈要尽快给换尿布了。否则，宝宝就会哭个不停。很多粗心的妈妈，就会忽视这一点。

而对于大大咧咧型的宝宝来说，他则不在意屁股底下小小的不适感，该干嘛就干嘛。有时候他可能感觉不舒服，但妈妈很难从宝宝的面部表情看出异样来。对于这样不哭不闹的宝宝，妈妈也不能大意，要注意观察宝宝的一些小动作，有时候宝宝会扭动身体，表情有一丝难受，就要打开尿布看看，让小家伙的屁屁底下干干净净的。宝宝舒服了，妈妈也就放心了。

5.焦急地哭：太热了，我很不舒服

在妈妈身体里时，那种暖暖的感觉，让宝宝感到很舒服。到了新生儿时期，他还是喜欢妈妈身体里那种暖暖的感觉。有时候，给宝宝盖的被子过多或者过少，穿的衣服多或少，宝宝也会感觉太热或者感觉冷。这时，宝宝也容易哭闹。那么，如何判断宝宝是怕热还是怕冷呢?

最简单直接的方法，就是用正常体温的手去摸一下宝宝的额

头、耳朵、鼻子和脖子等露在外面的部位。如果在睡觉中的宝宝翻来覆去睡不安稳，或者无法深度睡眠，妈妈可以摸摸宝宝的脖子和耳朵，如果这些部位有汗，说明太热了。这时，妈妈就适当给宝宝减去衣被或者想办法降低室温，这样宝宝自然就会安静了。如果用手一摸，感觉这些地方很凉，很可能就是不够暖和，需要添加衣被或提高室温，宝宝感觉温暖就会舒舒服服地睡觉了。

过热或者过冷，都可能使宝宝焦急地哭泣起来，只要略加调整，宝宝又能进入美梦了。

6. 哭闹不止：肠绞痛

如果一个其他方面完全健康的宝宝哭闹起来怎么哄都哄不好，每天都要持续哭上 3 小时以上，同时有蹬腿或者抬腿放屁等表现，特别是几乎每天都在同一时间哭闹（傍晚居多），宝宝可能是患了婴儿肠绞痛（详见后文）。

7. 尖声剧烈地大哭：我受伤了

第一章 表情语言——宝宝最常见的面部表情

如果宝宝尖声剧烈地大哭，可能是身体感到疼痛，被什么东西伤着了。应该马上检查，看看是不是宝宝的衣服纽扣或拉链伤害到了宝宝稚嫩的皮肤，或者是床栏卡住了宝宝的手脚，或者是头发或线头缠住了宝宝的手指或脚趾，使血液流通不畅，或者是灰尘迷了宝宝的眼睛等。这时候往往会发现有东西在伤害宝宝。

8. 烦躁地哭：瞧这乱劲儿！我受不了了

如果宝宝的哭声里带着烦躁不安的情绪，妈妈可以检查一下周围环境，是不是有什么强烈刺激，比如强烈的灯光，嘈杂的声音，不断移动的物体或者是在抱宝宝时动作幅度太大了。如果是这样，先把周围的环境调整一下，例如把灯光调暗，或者把宝宝换到安静的房间，或者减小动作幅度等。

一般来说，这样的宝宝比较敏感，他们希望过有规律的生活，妈妈应该根据宝宝的日常表现，制定一份宝宝作息时间表，把每天喂奶、洗澡、散步、睡觉的时间固定下来，这会让宝宝更有安全感。

9. 无力地哭：我可能病了

宝宝生病时，身体虚弱，因此哭声也比较虚弱，而且会表现得无精打采，食欲不振，同时还可能伴有呕吐、腹泻、发热等症状。这时候就应该带宝宝去看医生了。

10. 哭得来劲：锻炼身体

宝宝一哭，妈妈就着急：是饿了，冷了，病了，还是尿布湿了？如果不是这些常见的原因导致宝宝哭泣，那你可以乐观地看待这个问题了。这时，宝宝的哭啼是在告诉你，"妈妈，我的身体很健康！"

尤其当宝宝的哭声抑扬顿挫，响亮且有节奏感时，妈妈就不必太担心。因为适当的哭泣是宝宝锻炼肺活量、声带和肌肉关节以及发展智力的重要方式，而泪水所含的杀菌物质还预防眼病。所以，如果宝宝哭闹的时候没有伴随其他不良的状况，你大可以放心地让他哭上一阵，做健康有活力的宝宝。

11. 睡前哭醒来哭：我没事啦

还有一种哭声，只是在睡前哭一会儿就进入睡眠状态，或在刚醒来时哭一会儿就进入安静的觉醒状态，这属于正常现象。

12. 表情语言——"哭"的意义大测试

每一次宝宝的哭，背后都是有潜台词的。细心的你如果掌握了宝宝的表情语言，就能读懂宝宝的心了。没有不乖的宝宝，只有不懂宝宝的心的妈妈。

☆**宝宝啼哭一：**

宝宝表现：宝宝啼哭时，头部不停地左右扭转，似左顾右盼，哭声平和、带有颤音，当妈妈走到宝宝跟前时，宝宝就会马上停止啼哭，双眼看着妈妈，一副着急的样子。

潜台词：妈妈，我很健康。

☆**宝宝啼哭二：**

宝宝表现：宝宝啼哭经常出现在喂哺后，哭声尖锐，两腿弯曲乱蹬，如果把宝宝的腹部贴着妈妈抱起来，哭声就会加剧，甚至呕吐。

潜台词：妈妈，我饿了，快让我吃奶吧。

☆**宝宝啼哭三：**

宝宝表现：宝宝啼哭时抑扬顿挫，不刺耳，声音洪亮，富有节奏感，但没有泪液流出。每天累计啼哭时间约2小时，一般每天4—5次，没有伴随症状，不影响饮食，睡眠、玩耍正常，每次哭时较短。如果你轻轻触摸宝宝，他就会冲你微笑，如果把他的小手放在腹部轻轻摇两下，他会安静下来。

潜台词：哎呀，妈妈你可把我撑着了。

☆**宝宝啼哭四：**

宝宝表现：宝宝啼哭时，强度较轻，哭时时常没有眼泪，大多在睡醒时或吃奶后啼哭，哭的同时两腿蹬被。

潜台词：妈妈，我很口渴，给我点水喝吧。

⭐**宝宝啼哭五：**

宝宝表现：一到晚上就哭闹不止，当你打开灯光，哭声就停止了。

潜台词：妈妈，我不想一个人待着，抱抱我吧。

⭐**宝宝啼哭六：**

宝宝表现：宝宝啼哭时，很不耐烦，嘴唇干燥，时常伸出舌头舔嘴唇。

潜台词：妈妈，快给我换尿裤吧。

⭐**宝宝啼哭七：**

宝宝表现：宝宝哭声伴有乞求感，声音通常由小变大，节奏不急不缓，当你用手指触碰宝宝的面颊时，他会立即转过头来，并有吸吮动作。

潜台词：天好黑，什么都看不见，我已经睡醒了，怎么天还没有亮呢？

宝宝啼哭小结，如下表所示：

运动性啼哭	当宝宝出现这样的啼哭时，妈妈最好不要打断宝宝，让宝宝和你"说一说话"，不是很好吗？
饥饿性啼哭	如果妈妈不给宝宝喂奶，而是把手拿开，宝宝会哭得更厉害，一旦喂奶，宝宝就停止哭啼。宝宝吃饱后绝不再哭，有时还会露出开心的笑容

续表

过饱性啼哭	宝宝向外溢奶或吐奶，此时，妈妈不必哄，让宝宝用力哭反而可以加快消化
口渴性哭闹	当给宝宝喂水后，宝宝立即停止啼哭
意向性啼哭	妈妈用其他方式暂时让宝宝停止了啼哭后，仍伴有"哼哼"的声音，小嘴唇翘起，这就是宝宝想人抱他了
尿布湿而啼哭	当妈妈为宝宝换上干净的尿布时，宝宝就不哭了
恐黑性啼哭	宝宝白天睡得很好，晚上则两眼睁得很大，眼神灵活，这可能是白天睡太多了，对此你只要慢慢把宝宝的睡眠习惯改变过来就行了

总之，在宝宝还不能明确表达自己意愿的时候，需要妈妈花费大量心思，研究宝宝的各种表情和哭声，以准确掌握宝宝的意愿，从而让宝宝舒舒服服、健健康康地成长。

第二节

婴语之笑容——宝宝成长的"刻度尺"

　　宝宝虽小，但是其心眼儿一点都不少，大人心里在想什么，他可是很清楚。

　　宝宝的笑容多数是天真烂漫的，但也有一些带目的性的笑容透露着心情和思想。妈妈不能单纯地以为宝宝笑就是开心，他也会皮笑肉不笑，也会狡猾地笑……

1. 宝宝笑容之一：嫣然一笑

很多妈妈会发现，刚出生一到两周的宝宝在睡觉时会笑。有些新妈妈会以为，宝宝是在向她微笑呢！

其实，宝宝生下来就会笑，最初的笑是自发性的，或称内源性的笑，或早期笑。这是一种生理表现，而不是交往的表情手段。

内源性的微笑，主要发生于婴儿的睡眠中，困倦时也可能出现，这种微笑通常是突然出现的，是低强度的笑。其表现只是卷口角，即嘴周围的肌肉活动，不包括眼周围的肌肉活动。这种早期的笑在8个月后逐渐减少。出生后一个星期，宝宝在清醒时间内，吃饱了或听到柔和的声音时，也会本能地嫣然一笑，这种微笑最初也是生理性的，是反射性微笑。

宝宝嫣然一笑潜台词：妈妈，你自作多情了！

妈妈感同身受：讲了一个冷笑话。

2. 宝宝笑容之二：一笑即收

不少新妈妈经常也遇到这样的情况，逗了宝宝半天，他就是

一点反应也没有。此时的妈妈或许也感到一丝失望。而聪明的宝宝也能觉察到妈妈眼中那一丝失望的表情。于是，宝宝抛给你一个敷衍的笑容。这时小家伙的确已经很困了，很疲倦了，如果妈妈不懂宝宝的心，还不合时宜地逗弄他，他就会很烦，所以笑容也显得很勉强！

浅尝辄止地一笑即收，是宝宝懂事的表现，初为人母的你就别为难可爱的宝宝了，让他好好睡上一觉吧，或者让他想自己想做的事。

宝宝一笑即收潜台词：妈妈辛苦你了，但我困，请停止逗我吧。

妈妈感同身受：生病了还要做饭，烦！

3. 宝宝笑容之三：狡黠地笑

别小看了在你怀里的宝宝，这时的他已经懂得"占便宜是高兴事儿"的道理了。在照顾宝宝的过程中，你会发现宝宝如果能占点儿小便宜就会开心地笑。于是，你会故意做出让宝宝占到小便宜的姿态，并直接引诱宝宝发笑。

时间一久，精明的宝宝脸上便有了狡猾的笑容。这样，宝宝就自然流露出了眉眼弯弯、突然袭击式的笑声，清脆而具有爆发性。

宝宝狡猾地笑潜台词：妈妈，太笨了！我赢了！耶！

妈妈感同身受：给孩子他爸洗衣服，在他口袋看到100元钞票。

4. 宝宝笑容之四：手舞足蹈地笑

手舞足蹈地笑是宝宝快乐的反应，也是每个妈妈最希望看到的宝宝的笑，最希望在逗宝宝时得到的回应。

宝宝心情愉快的时候，就会咧嘴笑。此时，你可要仔细观察了，你可以看见宝宝的喉头和光秃秃的牙龈，笑到忘我时，咯咯声更是连续不断。

宝宝手舞足蹈地笑潜台词：我很开心，很快乐呀！

妈妈感同身受：像是买了心仪的衣服。

5.宝宝笑容之五：笑成眯眯眼

一般宝宝不会轻易笑成眯眯眼，因为他的细微表情发育还不是很完善。当宝宝笑成了眯眯眼，很多妈妈就自以为是自己逗他才这样笑。其实，有可能是宝宝正好发现了什么新奇的事物，也可能是他突然察觉到嘴里残留食物的刺激味道，比如酸和甜，引起条件反射眯起眼睛。也有可能是肚肚疼，或者某个部位瞬间的一丝疼痛，会让他有眯眯眼的表现。对于宝宝的这些细微表情，细心的妈妈要注意观察。

宝宝笑成眯眯眼潜台词：哎，好酸的橘子汁呀！

妈妈感同身受：一边同人聊天，一边塞进嘴巴里一颗很酸的梅子。

6. 宝宝笑容之六：又哭又笑

当宝宝不耐烦的时候，他就会肆意哭闹。在这种情况下，妈妈就会给宝宝换一块尿布，并用夸张的表情和动作来逗宝宝笑。这时候，当烦闷的心情与搞笑的表情夹杂在一起，宝宝只好变成矛盾结合体，刚才哭得鼻涕眼泪一起流，一下子又笑容灿烂，立刻又急转直下继续哭，再逗，他只好又笑……

可怜的宝宝也搞不清自己是哭是笑了，闪着泪光的微笑，就是这么炼成的。

宝宝又哭又笑潜台词：烦死我了，妈妈就别逗我笑了，饶了我吧。

妈妈感同身受：长了一脸青春痘的时候，朋友逗你说："青春永驻！"

7. 宝宝笑容之七：眼笑嘴不笑

每天吃完晚饭，你都会带宝宝在小区里玩，可是由于天气原因没有按时带他出去玩，于是只好在家里用各种玩具逗他开心。

　　如果宝宝平时最喜欢听某一首儿歌，妈妈就打开电脑播放给宝宝听，宝宝笑；如果宝宝平时最喜欢玩遥控器，妈妈递到宝宝手中，宝宝笑；如果宝宝最喜欢骑木马车，妈妈让他自己骑上去了，宝宝笑。

　　看似宝宝很开心，其实这些笑都很"虚伪"，可以说是"宝宝最虚伪的笑容"。这就是我们所说的眼睛笑，嘴不笑，宝宝还时不时地望望窗外，典型的心不在焉。妈妈要明白，这个时间宝宝最喜欢出去找其他宝宝玩。

　　宝宝眼笑嘴不笑潜台词：我想出去玩，就是想出去玩！这些玩具统统都不想要！

　　妈妈感同身受：老板一边肯定你工作很努力，一边说这次加薪没你的份。

8. 宝宝笑容之八：咧嘴笑

　　宝宝咧嘴笑的形态是突然发出，短暂而快速的，嘴角牵动，笑容骤现，伴着的表现是满目发光、两手晃动，舒展着魅力。

这时妈妈应报以笑脸，用手轻轻地抚摸婴儿的面颊，并在宝宝的额部亲吻一下，给予鼓励。此时此刻，婴儿会再以微笑来对妈妈的行动表示满意。

9. 新妈妈怎样逗乐宝宝

美国科学家研究发现，几个月的宝宝，也有想"开心"的心理。实际上，宝宝有时长时间地哭，原因不是饿了或尿布湿了，而是宝宝想找人陪他玩、逗他开心，或是想换换环境，找妈妈抱抱。要是妈妈一直不回应宝宝，他会哭闹得更加厉害。

新妈妈如何逗宝宝开心，主要有以下几种方式：

尽早让宝宝接触水。宝宝出生后就可以进行半身温水浴。等脐带脱落，就可以全身温水浴。宝宝一个月大时，每隔 2 天就洗一次澡。洗澡时，室温要保持在 20℃ ~ 21℃，水温约 35℃，浸浴时间在 5 分钟内。尽管此时的宝宝还不会"戏水"，但和水接触，宝宝会很享受，并露出浅浅的笑。

宝宝睡觉时，妈妈可以帮助他调整不同的姿势，如有时仰卧，有时俯卧，有时侧卧。因为不同的睡姿，可以满足宝宝追求新奇的心理，其效果与游戏大同小异。

宝宝一个月大时，妈妈可以深度和宝宝做眼神交流，努力使宝宝接触到你的目光。给宝宝喂奶时，宝宝的眼睛和妈妈的脸之间的距离最好保持在30厘米，这个距离是宝宝最喜欢、最能看清楚东西的距离。在给宝宝喂奶时，妈妈要微笑并专注地看着宝宝，这样会让宝宝感到快乐和安全。

拿着一个玩具在宝宝眼前慢慢移动，让他的目光追随着物体，尽管此时他还不会发出"呀呀"的叫声来表达自己心里的新奇感。

宝宝到了2个月大，80%的宝宝就懂得以微笑的方式把快乐写在脸上。这种表示快乐的表情一般出现在宝宝看见妈妈、爸爸和他喜欢的亲人时。如果你对宝宝这种微笑做出积极的反应，他同样报以微笑，而亲子之间的美妙关系也会在这种时刻慢慢建立起来。

除此之外，妈妈还可以主动对宝宝微笑，并鼓励他模仿你微笑。比如，抱住宝宝小心地做"下坠"动作。2个月大的婴儿大多面部已会显示出"会心"的微笑。

在宝宝平躺时，妈妈小心地抓住宝宝的双脚练习做跑步运动，或抓住宝宝的双手做轻柔的伸展体操。

用一个发出悦耳声音或发出柔和灯光的玩具吸引宝宝的注意。不过，不要选择那些声音恐怖或者光线刺眼的玩具，以免宝宝受到惊吓，听力和视力受损。

从出生到 1 岁，是宝宝情绪萌发的时期，也是情绪健康发展的关键时期。经常保持愉快的情绪，会让宝宝食欲旺盛、睡得安稳，更招人喜爱。相反，情绪不好会影响宝宝的身体健康，甚至会影响以后人格的发展。宝宝在欢乐的气氛中能够发挥最大的潜能，长大后乐观开朗，更乐于探索，好奇心比较强，这样会使孩子学到更多的知识，就更有利于孩子的智力发展。情绪好，生长激素分泌好，健康少生病，更有利于体格的生长发育，使其更加健康。笑不仅是开启宝宝智力之门的一把"金钥匙"，也是一种极佳的体育锻炼方式，对促进全身各个系统、各个器官均衡地发展大有裨益。

不过要注意的是，过分大笑，则有损宝宝健康。所以爸爸妈妈在逗笑宝宝时，一定要把握分寸和尺度。婴儿过分大笑会产生以下伤害：

（1）使胸腹腔内压增高，有碍胸腹内器官活动。

（2）易造成暂时性缺氧。

（3）进食、吸吮、洗浴时逗笑，容易将食物、水汁吸入气管。

（4）逗笑过度，会引起痴笑、口吃等不良习惯；大笑会引起大脑长时间兴奋，有碍大脑正常发育。

（5）过分大笑还会引起下颌关节脱臼。

10.爱笑宝宝更可爱

爱笑的宝宝更可爱，更讨人喜欢，也更容易养成积极乐观的性格。那么如何培养出一个爱笑的乐天派宝宝呢？

首先要了解宝宝的笑容发展过程，妈妈才能根据宝宝的发展情况，分阶段采取行动。宝宝的哭可以说是与生俱来的，而笑则是在成长的过程中慢慢形成的，一般分为三个阶段：

（1）宝宝出生后 2 周左右——自发性微笑

当宝宝吃饱喝足，并换上干净尿布，处于清醒状态，妈妈会看到宝宝的嘴角有时会上翘，脸部安详，这就是宝宝在微笑。这种微笑是由宝宝本身的生理与心理状态产生的，叫作自发性微笑。

（2）宝宝在出生 3 周后——社交性微笑

宝宝听到妈妈的声音，或者看到妈妈的脸，就会露出笑容，这种笑被称为诱发性微笑。到一个半月左右，这种笑容更为频繁和明显，不仅嘴部，整个面部都会露出人见人爱的笑容。这个阶段的最大特点是只要父母逗引，就可发笑，被称为"天真快乐反应"。这种反应的出现，是婴儿和他人交往的第一步，在心理发育上是一个飞跃，有益于脑的发育，因而被科学家称为"一缕智慧的曙光"。

（3）宝宝出生后 4 周——身体健康的笑

宝宝出生四五周后，听到妈妈的声音会发出微笑，甚至停止吃奶。这说明宝宝的听觉正常，意识清楚。

（4）宝宝出生 3 个月后——选择性爱笑

3 月大的宝宝越来越讨人爱了，他会睁大眼睛观察周围的环境，特别注意人们的脸，且会清楚而明确地展示他的笑容，这时的笑叫作社会性微笑。

只要宝宝开心，不管面对谁，他都会大方地展露出笑容。但这个时间段不会持续太久，等到宝宝五六个月大时，只有看到他所熟悉的人特别是妈妈才会发笑。这表明宝宝的大脑发育进入了一个新阶段，已经具备初步的识别能力了。

（5）宝宝出生后 9 个月后——微笑专家

这个时候，宝宝的记忆力发展快速，他懂得如何得到他人的拥抱、笑容和赞美，懂得怎样逗旁人开心，而不再只是欣赏大人表演的"小观众"。

在这个阶段，你经常会发现：当你因为宝宝拍手或者摸摸头等小动作而哈哈大笑时，宝宝会更加卖力表演。同时，宝宝看着妈妈笑时，还会毫无保留地露出大门牙，但有时对他人却只是微微一笑，那是因为宝宝总是把最开心的笑容留给最喜欢的人呢。

（6）宝宝出生 10 个月后——传递情绪的笑

这个月龄的宝宝开始把更多的注意力集中在他喜欢的人和玩具上，当他观察到好玩的东西的时候，他就会开心地笑起来，好像在告诉爸爸妈妈他很喜欢这个小东西。

这个时候，爸爸妈妈可以有意识地带宝宝去逛逛超市，让他能够观察到更多新鲜的东西。父母可以时常指着一个玩具问宝宝"喜不喜欢它呀"，引导宝宝观察和表达他的情绪。

11. 培养爱笑宝宝应该注意些什么

培养爱笑的宝宝，主要有 4 招：

（1）以最好的微笑迎接宝宝

每天早晨起床，妈妈用最灿烂的笑容对宝宝说早晨好；每一次拥抱宝宝，以最满足的笑容对宝宝说"宝宝，妈妈爱你"；每次与宝宝眼神交会，妈妈便对宝宝展露最甜美的笑容……总之，宝宝的每一个耍宝动作，妈妈都捧场且夸张地哈哈大笑……

妈妈的笑容，不仅是对宝宝爱的表现，也是快乐心情的流露。妈妈无时无刻流露出来的愉悦心情可以传递给宝宝，让其保持好心情。而在宝宝向妈妈报以最可爱的笑脸的同时，他也慢慢养成任何场合都将笑容挂在嘴边的习惯。宝宝就在潜移默化的环境中，学会了笑脸迎人。

（2）互动时常逗宝宝开心

妈妈在和宝宝做游戏时，要一边做，一边尽量逗宝宝笑。一是让宝宝觉得这个游戏有趣，将来别人和宝宝玩类似的游戏时，也比较容易得到回应。二是宝宝笑得越开心，记忆就越深刻，也许妈妈一个小小动作就能唤起他愉快的回忆。

比如有时候，妈妈只是轻轻地将食指放在唇边，做一个这样逗宝宝的动作，宝宝一看就马上咯咯地笑了起来。因为宝宝知道接下来妈妈就要给他挠痒痒了！妈妈和宝宝就这样通过互动游戏慢慢积累了小默契，亲子之间的感情也因此日渐增温。

（3）一个笑脸牵引更多笑脸

当宝宝遇到不熟悉的事物而不知道怎么办时，通常会看看妈妈，寻找保护。

譬如有些亲戚朋友表情严肃，不苟言笑，宝宝看习惯了妈妈经常逗他的笑脸，突然面对陌生且严肃的神情就会不知所措。这时妈妈如果对宝宝扬起嘴角，冲宝宝会心一笑，宝宝就会知道对方不是在生气，甚至还报以露齿一笑。通常大人看到孩子天真无邪的笑，也会不知不觉地跟着放松表情，绽放笑容。

（4）多带宝宝外出与人接触

在与亲人互动时，宝宝笑逐颜开，但面对陌生人就显得退缩，不知该如何与他人互动。

这主要是由于宝宝被妈妈过度保护，很少让其接触陌生人。一旦遭遇新环境或者陌生人，所需要的适应时间较长，为了提高宝宝对陌生环境的适应能力，妈妈应该从小关注宝宝适应环境的能力，多带宝宝出门，教宝宝如何用自己舒服的方式跟他人互动、沟通。

12. 从微笑看宝宝的性格

微笑不仅是宝宝心情的写照，还是他性格的体现。下面我们来分析一下宝宝的各种笑分别体现了他们怎样的心理。

（1）微笑——心思缜密的宝宝

微笑的宝宝，除了性格比较内向、害羞以外，还有一种性格特征就是他们的心思非常缜密，很善于隐藏自己，轻易不会将内心真实的想法透露给别人。

（2）一发不可收拾的笑——有人缘的宝宝

平时看起来沉默少语，而且显得有些木讷，但笑起来却一发而不可收，或者经常放声狂笑，直到连站都站不稳了，这样的孩子人缘很好。

（3）爽朗的笑——坦率热情的宝宝

开怀大笑，笑声非常爽朗的孩子，多是坦率、真诚而又热情的。他们是行动主义的人，一件事情决定要做，马上就会付诸行动，非常果断和迅速，绝对不会拖泥带水，这样的孩子现在不多见。

（4）有眼泪的笑——感情丰富的宝宝

这类孩子在笑时经常会笑出眼泪来，这是由于笑的幅度太大的缘故。经常出现这种情况的孩子，他们的感情多是相当丰富的，具有爱心和同情心，生活态度是积极乐观、向上的。

（5）"哈哈"的笑——体力充沛的宝宝

"哈哈"型的发笑，是所谓的"豪杰型"笑。一般人很难发出这样的笑声。这是身体状况极佳才有的笑声，平常这样发笑必是体力充沛的孩子。

（6）"呵呵"的笑——自信心不足的宝宝

"呵呵"型的笑声是宝宝自觉没有信心或强制压抑不快的情绪时，没有完全发笑的笑声。有时可能以这种笑声掩饰内心的牢骚，心浮气躁或身体疲倦时也会有这样的发笑法。

第三节

婴语之皱眉宝典——宝宝在表达情绪

在 7 个月以前，宝宝并未能建立起完善的面部表情，所以在表达情绪的时候，对于所有不耐烦、不喜欢的事情，都会表现为皱眉。长到 7 个月后，宝宝情绪不好除了会皱眉，还开始学会揉眼、抓头皮等动作来表达情绪。宝宝皱眉是在表达什么情绪呢？

1. 拉大便，我要用力呀

细心的妈妈会发现，宝宝在拉大便的时候表情十分不自然，喜欢皱眉，甚至龇牙咧嘴，因为他要使出全身的力气来排出体内的垃圾。

对宝宝来说，拉大便是一件很认真且费力的事情，所以会皱起眉头。当你发现后，要及时配合一下宝宝。这个时候，你应该为宝宝加油鼓劲，伴随宝宝一起发出"唔"等用力的声音，这样宝宝会拉得更加顺畅。

2. 好酸，不信你自己试试看呀

很多新妈妈在给宝宝补充维生素 C，都选择给他吃新鲜的水果汁。其实，这样做等于好心办了坏事，鲜榨的果汁没有经过加工，带有一点酸味，如果购买的水果不够成熟，酸味会更重，宝宝喝了怎么能不皱眉呢？瞧，那小鼻子小嘴都要皱成一团了。这说明宝宝有一肚子的牢骚：好酸呀，不信妈妈你自己试试看！

3. 扰人香梦是不对的，妈妈好讨厌

宝宝最爱皱眉的时刻，就是他刚睡醒的时候。无论是睡到自然醒，还是中间被吵醒，宝宝一定是皱着小眉头到处瞅瞅，直到看到妈妈的脸，紧皱的眉头才会放松。如果宝宝是被吵醒的，先是皱眉，然后又马上哇哇哭起来！

有的妈妈只会按照自己的方式做事，不管宝宝睡得正香，硬是把宝宝吵醒。要知道，打扰宝宝睡觉是不对的，何况宝宝还沉浸在与周公的"约会"中，绝不能容忍妈妈打扰他。这时候妈妈最好能拍一拍宝宝，让宝宝睡个回笼觉，重新回到睡梦中。

4. 妈妈不要不理我

宝宝听话的时候，妈妈觉得宝宝好乖、好可爱；宝宝哭闹的时候，妈妈就觉得宝宝太淘气，心烦。于是，有些妈妈遇到宝宝不顺着她的心思来，就开玩笑对宝宝说："妈妈不要你了！我走了！再也不理宝宝了！"

诸如此类的话，往往会引起宝宝一段时间的皱眉，接着就是号啕大哭。他这是在告诉你："妈妈，你不要不理我！"事实上，每一个宝宝都不喜欢这种被抛弃的感觉，所以妈妈不要动不动就对宝宝说类似的话。

第二章

不同阶段宝宝的表情语言

第一节

0—6个月的宝宝的表情语言

科学研究表明，宝宝出生后最初几天乃至几个月里很少见到笑容，长大后性格很可能孤僻羞怯。对于那些喜欢皱眉和面部"冷漠"的宝宝，科学家表示，其长大后可能还是这个样子，因此，妈妈应该注意宝宝的这种情况，并进行适当纠正。

0—6个月大的宝宝，心思就像棉花糖一样的细腻，"语言"简单又纯粹，不外乎喂我吃、逗我玩、抱我、帮我翻身、扶我坐、让我爬一爬等。

能如此轻易地让宝宝满足、开心，一生之中仅此6个月能做到，妈妈没有理由偷懒。科学家们分析了0—6个月宝宝的面部表情语言。

1. 瘪嘴：要求

宝宝瘪起小嘴，像受到委屈似的，这是啼哭的先兆，事实上是对大人们有所要求。这时妈妈要细心观察宝宝的要求，适时地去满足他的需要，如喂他吃奶、逗他玩、抱抱他。

2. 噘嘴、咧嘴：要小便

有研究表明，通常男宝宝以噘嘴来表示小便，女宝宝多数通过咧嘴或紧含下唇来表示小便。如果妈妈能及时观察到宝宝的嘴形变化，了解要小便时的表情，就能摸清宝宝小便的规律。

3. 懒洋洋：我吃饱了

妈妈最怕宝宝饿着，但过量喂食也不是什么好事。如何才能判断宝宝已经吃饱了呢？其实方法很简单。当宝宝把奶头或奶瓶推开，将头转一边，并且一副四肢松弛的样子，说明他已经吃饱了，此时妈妈就不要再勉强他吃了。

4. 吮吸：我饿了

喂奶一段时间以后，宝宝的小脸又一次转向妈妈，小手抓住

妈妈不放。当你用手指一碰他的面颊或嘴角，他就立刻把头转向你，张开小嘴做出急急忙忙寻找食物的样子，嘴里还做着吸吮的动作，这就说明他又饿了。见到此状，你应该赶紧给宝宝喂吃！

5. 喊叫：烦恼

宝宝的心情很容易受到嘈杂的环境的干扰，但苦于有口不能言，只好用尖叫、大哭大闹表达自己的烦恼。

妈妈可以带宝宝去安静的地方散步，或是给点好吃好玩的东西让孩子安静下来。作为父母，不管你有多烦恼和生气，也不要在家里大声说话或是喧哗吵闹，以免把不良的情绪传递给宝宝。记住，宝宝的学习能力可是惊人的哦！

6. 爱理不理：我想睡觉了

玩着玩着，宝宝的眼光变得发散，不像一开始那么灵活而有神了，对于外界的刺激也不再专注，还时不时打哈欠，头转到一边不太理睬妈妈，这说明宝宝困了。

这时，妈妈就不要再逗宝宝玩耍了，而是要给宝宝创造一个安静而舒适的睡眠环境。

7. 小脸通红：大便前兆

判断宝宝大便的时机，可以帮助妈妈减少工作量。如果看到宝宝先是眉筋突暴，然后脸部发红，而且目光发呆，这是明显的内急反应，得赶紧带宝宝便便了。不然，妈妈就得等着收拾宝宝的排泄物了！

8. 吮手指、吐气泡：别理我

大多数宝宝在吃饱穿暖尿布干净而且还没有睡意的时候，会自得其乐地玩弄自己的嘴唇、舌头，比如说吮手指、吐气泡什么的。

这时宝宝更愿意独自玩耍，不愿意别人打扰。所以，妈妈就不要去打扰他了，给人家一个单独的空间！

9. 乱塞东西：长牙痛苦

当宝宝处于长牙期时，跟以往不同，总是喜欢把乱七八糟的东西塞进嘴里，乱咬乱啃，不给就大闹，直到牙长齐之后才会停止。

的确，长牙时又痒又痛的感觉，实在难以忍受。宝宝乱抓乱咬，可以说是逃避痛苦的一种方式。千万不要将坚硬或锋利的东西放在宝宝触手可及的地方，避免宝宝受到伤害。可以给宝宝吃一些饼干或胡萝卜条，这些食品可以帮助宝宝长牙，而且也很安全。

10．严肃：缺铁

宝宝的笑脸是了解其营养均衡状态的"晴雨表"。从宝宝的发育进程看，一般在他出生后2—3个月便可以在妈妈的逗引下露出微笑。但有些宝宝笑得很少，小脸严肃，表情呆板，这时候妈妈就要注意了，因为这多半是体内缺铁所造成的。

若遇到这样的情况，妈妈最好连续一周给宝宝补铁，很快，宝宝严肃的表情会慢慢消失代之以灿烂的笑容。

11．眼神无光：生病了

健康的宝宝眼睛总是明亮有神、转动自如。如果发现宝宝眼神黯然呆滞、无光少神，很可能是身体不适的征兆，也许他已经患上了疾病。

妈妈发现宝宝的这些症状，就要特别细心地注意宝宝的一举一动，若有疑问要及时去医院检查，及早采取措施，避免延误了宝宝的病情。

总之，宝宝 6 个月前，有成千上万的信息是通过其体态语言向妈妈传递的，而每个宝宝的传递方法也各有不同，妈妈应细心观察宝宝的体态语言，了解其心理需要，才能促成心灵之间的交往。

第二节

6—12 个月的宝宝表情语言

一般，我们将 0—6 个月大的宝宝称为小婴儿，6—12 个月大的宝宝称为大婴儿。6 个月后的宝宝，在体形、体重增加的同时，表情语言的操控能力明显增强，智力更是取得质的飞跃。这时，宝宝开始学会撒娇、调皮捣乱。如果 0—6 个月的宝宝只是心里明白表达不出来，那么 6—12 个月大的宝宝大部分情绪都能身体力行了。

体态语言是宝宝人际交往的初始方式。宝宝人际交往首先体现在宝宝与妈妈的交往，而体态语言是宝宝开始学习人际交往技能的最初方式。6 个月以后的宝宝，可以通过体态语言和人交往。

1. 个性是这样养成的

6 个月大以后的宝宝，感知能力和动作能力不断增强，除了灵活地使用面部表情来表达自己的需求之外，还会伴以各种形态的身体动作。

随着宝宝不断长大，他在不同的阶段会展露出不同的形态和思想。有时候很开心，有时候会哭，宝宝的个性就是从这时开始逐步养成的。

2．欢迎和拒绝的表示

6个月后，妈妈即使想偷懒，也不能随便把宝宝塞给旁人抱一抱。要看宝宝同意不同意，小家伙也会名正言顺地拒绝的！

6个月以前的宝宝，如果被不熟悉的人抱，小家伙就算不乐意也会被动接受，而宝宝抗拒陌生人的方法就是号啕大哭。但是，当抱着宝宝的人哄哄后，宝宝将恢复平静。

然而6个月大以后的宝宝，对于熟悉和喜欢的人，会伸开双手表示对来者的欢迎，反之则转头回避，当作没看到、没听到，拒绝之意溢于言表。

懂得要与不要、欢迎与拒绝后，宝宝就开始主动展现各种个性。当你下班回来后。宝宝看见后就会主动张开手臂扑上来，要求你抱抱。而有的宝宝见到妈妈回来显得"很淡定"，谁抱都可以，谁带走都行。这时候，妈妈要注意留心了，前者受到亲人的影响较大，而后者则会逐渐形成淡漠的性格。这和宝宝从小是母乳喂养还是奶粉喂养有很大的关系，当然，也跟宝宝晚上由谁陪伴入睡有莫大的关系。

若宝宝被不喜欢、不熟悉的人抱着而拼命挣扎、离开，甚至手脚并用蹬对方。这时候，父母适当地引导，以帮助宝宝初步建立与人沟通、交往的原始环境与心态。

3.摇头容易点头难

宝宝长到七八个月的时候，就会忍不住手舞足蹈以表达开心。这时候，妈妈只要略微指引，便可以教会宝宝最基本的动作，比如，拍手（表示欢迎，或者高兴）、摇头（表示不要、不好、不吃）、挥手（表示大家好，或者再见）等。

刚开始让宝宝做这些动作时，妈妈需要身体力行带领他一起做。比如，在旁边提醒一下，再慢慢过渡到宝宝听到"命令"就"执行"，最后，宝宝能自发地顺应环境做出这些动作。练习3—7天，宝宝便能自己做了。

这时候的宝宝再也不会衣来伸手、饭来张口。当不爱吃的食物递到眼前时，他会自动扭开头，用行动告诉妈妈：我不吃。而在喜欢的食物和玩具面前，他会张开双臂，甚至直接伸出舌头去吃、去要。

分辨和判断，是这个时期宝宝主要的语言表达能力。但是面对选择的时候，有些宝宝还是缺乏一种完整性。摇起头来像拨浪鼓的宝宝，可能并不擅长点头这个动作，这跟宝宝发育中头部摆动的习惯有关，在他已经能熟练地左看右看的基础上，摇头只需要形成习惯就可以轻易做到，而点头完全是另一种行为。只有长到10个月左右，宝宝才摇头晃脑，甚至更大一些才能做到。

当宝宝不摇头的时候，说明他接受了这些吃的、喝的、玩的。

4.手指上的精细语言

到了9—10个月，宝宝开始能够掌握更精细的动作语言，从前紧握的小"手"可以分解成大拇指、食指、中指等各个指头。

他开始展开小拳头，用手指出他想去的地方和方向，能够渐渐比划出大拇指（表示厉害、真棒），也能露出食指（示意"我一岁了"，或者指向他的目标人物与目标地点），或用小手拍拍头，表示要戴帽子带他出去。

一般来说，9个月的宝宝会一边咿咿呀呀，一边身体用力，同时指着要去的地方，他会命令妈妈："去拿玩具过来""我要吃水果""我要和哥哥姐姐们玩游戏"……

而10个月的宝宝能先指一指别人吃的东西，再指一指自己的嘴巴，示意"我也要吃"。

9—10个月的宝宝是语言最佳模仿期，妈妈要充分利用这个有利时机，抓紧宝宝的动作语言训练。

5. 有意识的语言如同天籁美好

11—12个月的宝宝语言更为丰富，除了用面部表情和动作等身体语言来表示外，还会伴以各种声音，比如，汪汪声（他能模仿狗叫）、嘟嘟声（他还会模仿汽车的鸣笛）。

有时，宝宝是因为看到景象而模仿声音，有时会因为小脑袋瓜儿忽然想到而做出声音反应。妈妈可以根据宝宝的联想，给他讲一个关于声音的故事，也可以拿出益智图片来教他更多关于声音发源物的知识。

此时，宝宝的声音开始和他内心的意图逐渐关联起来。

但在这个语言系统质变的最初阶段，宝宝的表情依然占据着最重要的位置，因为宝宝常常一心急就"口是心非"。比如：

他明明是想去楼下花园看小朋友们玩耍，嘴里却错乱地发出呼呼（示意睡觉）的声音，再加上一哭闹，妈妈很容易就误会宝宝是在闹着要睡觉。如果再仔细观察，你会发现宝宝的小手指着的不是房间，而是大门。等你抱宝宝往大门方向走去时，宝宝的哭闹声会顿止。

宝宝的脑海里逐渐形成程序化，从婴儿到幼儿的过渡就在此时了。

宝宝的语言逐渐趋于明朗化，当他们能够完整地表达自己的企图和意思之后，沟通会容易多了，但是妈妈要注意给予宝宝尽量多的思维空间，以提高他在语言能力上的接受水平。

第三节

抓住宝宝表情变化的关键时刻

　　对于妈妈来说，掌握宝宝的表情语言对宝宝的成长至关重要。宝宝的表情语言是内心世界的写照，更是其健康与疾病、开心与烦恼、向往与恐惧的晴雨表。宝宝成长的过程，分为几个重要的关键时刻，细心研究宝宝不同时期的表情，才能理解宝宝的行为，才能使问题迎刃而解。

1. 面对恐惧，不哭反而笑

　　很多职场爸爸白天工作非常忙碌，无暇顾及宝宝，通常下班回来的时候小家伙已经进入梦乡。有时候爸爸下班得早，就爱抱着宝宝玩。爸爸看着自己的宝宝，喜欢的真是不得了。所以我们经常会见到这样的情形：

　　爸爸会一时高兴，就把宝宝举得很高，举起来旋转。然而，爸爸高兴之举，并不能获得宝宝的欢心。当爸爸把宝宝举起来，宝宝除了会条件反射地抓住爸爸的手之外，更会紧闭双唇，嘴角朝下，眼睛直勾勾地望着爸爸。

宝宝可是被吓坏了，很害怕，却不敢哭。粗心的爸爸根本看不出宝宝害怕的样子，还高兴地"哈哈"大笑，这时候宝宝会跟着笑出声音。

宝宝的笑声，让爸爸误以为这种练胆胆的游戏，宝宝很喜欢。其实，每次这样，宝宝都充满期盼地看着妈妈，伸出双臂，示意求救。当妈妈把宝宝抱过来，宝宝会很安静地趴在妈妈的怀里睡一会。

对此，很多父母不明白，为何天真的宝宝在面对恐惧的时候不哭反笑？其实道理很简单，我们成年人身处陌生的场合时，也会紧张害怕，但我们也不会害怕得哭，而是见了陌生人会赔笑、佯装自然。宝宝虽小，却很善解人意。他"不忍心"伤害陪他玩耍的爸爸，即使紧张害怕，也陪爸爸玩耍，所以爸爸不可能理解他的胆怯。

宝宝身心还没有发育成熟，需要爸爸妈妈细心的呵护。只希望爸爸妈妈能本着爱护、体贴孩子的心，来回报宝宝对爸爸妈妈的信任。

2. 半睡半醒间，宝宝要的是一份安全感

在宝宝的哺乳期，有些妈妈早日恢复身材，经常节食，导致没奶。对于幼小的宝宝来说喂牛奶或母乳，在情感上没有太大的区别。但是当宝宝懂得了母乳和牛奶的区别，无论是人为断奶还是母乳不足，都会对其产生很大影响。

一般来说，随着年龄的增长，宝宝对母乳的依赖越来越强烈。每天晚上的最后一餐，很多妈妈为了让孩子安然入睡，就会塞一个硅胶奶嘴给宝宝吮吸。但宝宝并不买账。尽管闭着眼睛，睡得蒙蒙胧胧，可是宝宝一沾到硅胶奶嘴，就会用舌头把硅胶奶嘴顶出来，或者用手推开，把头扭向一边。

这时，妈妈误以为宝宝开始挑食了，懂得什么好吃了，其实，宝宝要的不过是一份安全感。特别是在宝宝半梦半醒间，一心想着钻进妈妈的怀抱，需要妈妈的温暖。

想给宝宝断奶时，妈妈可以抱着宝宝哄一哄，断奶也变得容易了。

有的妈妈以为宝宝喜欢母乳，或者喜欢奶粉，那么，是不是每个宝宝都有自己的个性和喜好呢？

当然不是。细心观察宝宝的表情，你会发现宝宝并非不喜欢奶瓶，而希望妈妈陪伴。只要妈妈把宝宝抱在怀里，即使是牛奶，只要坚持给他喝，再多一点耐心，宝宝还是很乐意接受的。

断奶后的宝宝也不挑食，可是依然不喜欢自己抱着奶瓶喝牛奶，宝宝不高兴的表情是在告诉妈妈：想和妈妈一起睡。

3.10 个月的孩子，你以为他不懂占有吗

等宝宝长到 10 个月大时，他就喜欢自己玩，玩出名堂来了，也就是自个儿高兴。如果妈妈抱着宝宝和小朋友一块儿玩游戏的时候，他会非常在乎父母的表现。

有时，宝宝自己会把手伸玩具箱里，拿出玩具来玩，边玩边对妈妈笑；看到妈妈回应，他才继续埋头玩。一旦其他孩子来拿他的玩具，宝宝会立刻停下手里正在玩的，不管有多喜爱都抛在一边，爬到妈妈怀里，表情严肃，小嘴不自觉地嘟起来，屏气凝神地望着其他的小朋友。

宝宝这些举动，是在向其他小朋友说："这是我妈妈，你去你妈妈那里呀！"

你可别低估了孩子。虽然只有 10 个月大，但宝宝跟我们成人一样有占有欲，什么都在乎。

所以，如果宝宝有这样的表现，妈妈应该明白，自己对宝宝的关怀或许不够，让宝宝没有足够的安全感，认为妈妈是可以被别的小朋友"抢走"的。

4. 怎样疏通亲子交流的困惑

那些性格谦卑的妈妈，在和带着孩子的朋友聚会时，对朋友孩子不断地夸奖，对自己的孩子则谦虚谨慎。殊不知这种谦卑的行为，对宝宝来说，是一种无形的伤害。他会认为自己比别的小朋友差，妈妈喜欢别的小朋友，而不喜欢他。

因此，当爸爸妈妈的，在谈及孩子时，要注意自己的言行举止，尽量不要给孩子带来不舒服的感受。不管在哪尽可能给宝宝足够

的安全感，才有利于培养宝宝健全的人格和良好的性格。

　　抓住宝宝表情变化的关键时刻，能帮助妈妈及时了解宝宝的想法，及时疏通亲子之间的交流障碍，从而使宝宝智力发育全面发展。细节决定成败，细节也决定着宝宝的性格养成，对于宝宝成长中的点点滴滴，妈妈都不容忽视。

第四节

宝宝表情练习题

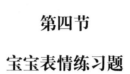

在许多父母看来，刚出生的婴儿就只会吃或者哭，其实不是这样的。尽管刚出生的婴儿大部分时间都在睡眠中度过，但他清醒时，还是能够感受到各种声音的存在，尤其是对于妈妈的声音。因为他在妈妈肚子里当了 10 个月的"窃听器"。妈妈的喜怒哀乐，凭音调他就能分辨出来。因此，父母可利用一些语言游戏促进亲子之间的感情，为启动宝宝的语言思维打下良好基础。

1.0—1 个月，寂寞的宝宝想听妈妈说话

表情关键词：皱眉（从静谧的子宫来到嘈杂的世界，太吵了！人家烦）。

无论在宝宝哭闹或清醒时，妈妈都可用缓慢、轻柔的语调和他说话，比如，"宝宝乖，不哭了，妈妈最疼我的小宝宝""妈妈好爱小宝宝，妈妈亲一亲，摸一摸。你是最可爱的乖宝宝！""宝

宝，你是不是饿了""你不喜欢这样躺着吗"等等。妈妈耐心重复这些话，能够给宝宝带来听觉上的刺激，有助于他日后语言系统的开发，能让他早一些开口说话，更能促进父母与孩子间的情感交流。

2.1—2个月，一三五唱歌，二四六做游戏

表情关键词：梦里笑和哭（醒来后还不懂语言的宝宝，只能在梦里经历他的喜怒哀乐）。

"萝卜咸菜"吃了一个月，宝宝开始需求"鱼与熊掌"——多元化的各种声音。这个阶段，妈妈可以争取每周一三五给宝宝唱歌，二四六与宝宝做游戏，通过唱歌、游戏等方式来加强与宝宝的交流。

比如，为宝宝朗读一些简短的儿歌，播放童谣、钢琴曲等。当宝宝醒着的时候，与他做一些摇铃、手指动物唱歌的游戏。此外，利用不同方位和声音来训练宝宝的听觉，以保证宝宝每次从睡梦中醒来都能处于快乐之中。比如，可选择不同旋律、速度、响度、曲调或者不同乐器奏出的音乐或发声玩具，也可利用家中不同物体敲击声如钟表声、敲碗声等，或改变对宝宝说话的声调来训练宝宝分辨各种声音。不过，要注意声音不可过大，以免宝宝受惊吓。

3.2—3个月，让宝宝开心"聊"

表情关键词：急和躁（稍微懂事的宝宝，对于陌生世界有着距离感，让他不得不急）。

3个月左右的宝宝能发出咯咯、咕咕等有意思的声音，都是

他想要进行交流的早期尝试。在欢愉气氛的刺激下，他甚至能咿咿呀呀地"说起话来"。如果此时父母以同样的声音应答宝宝，你的回应越多，就越能鼓励宝宝与你交谈。

平时都是听爸爸妈妈在讲话，宝宝早就按捺不住要出声了，难得发出声音后，还能得到父母的回应，宝宝的快乐情绪被充分地激发出来。良性的语言刺激，对于训练宝宝的发音和说话是非常好的手段，它对促进亲子间情感的进一步交流也有着极大的益处。

4.3—6个月，以游戏的方式叫宝宝的名字

表情关键词：好奇（超级好的适应能力，让小家伙凡事都感兴趣，睁大眼睛看，竖起耳朵听）。

这个时期的宝宝，最大的收获就是认识自己的名字。父母可以通过宝宝一起玩"叫名字回头"的游戏，这个游戏可以训练宝宝对特定语言的快速反应能力，并知道自己是谁。

当妈妈叫爸爸名字的时候，妈妈和宝宝一起望向爸爸，而当妈妈叫宝宝名字的时候，大家一起望向宝宝，同时，宝宝能用眼神来回应呼唤他的人。反复练习，父母用相同的语调叫宝宝的名字和其他人的名字，当听到自己的乳名、全名的时候，如果宝宝能回过头来，则说明宝宝对他的名字已经领会了。此时，父母可用激励的话语对宝宝说："对啦，你的名字就是……小宝宝真聪明！"如果宝宝没有反应，父母要耐心面对，反复地告诉他："你是……要回应爸爸妈妈哟！"宝宝不回应你，可能并不是不知道自己的名字，有可能是他累了，或情绪不好，父母应该暂停游戏，以免宝宝产生逆反情绪。

当宝宝俯卧用手撑起上身时，妈妈可试着在他的背后叫他的名字，让他回头找人。一旦他会回头，就马上将他抱起，并亲亲他说"你真棒"。做游戏的过程中，妈妈要声情并茂，配合游戏发出一些声音，启发宝宝日后对语言的学习能力。

在进入宝宝的房间之前，或在别的房间叫宝宝的名字。宝宝也会转头寻找看是谁在叫他。宝宝能感知到声音，虽然未看见人，宝宝也会知道妈妈就在不远处会很快转过来，这时候妈妈的声音成为安全信号，宝宝会耐心等待人来。在宝宝视力范围外不远处发声，能够扩大宝宝探索的领域。

5.6—9个月，多给宝宝讲故事

表情关键词：认真（从初生的抗拒到后来的急切，现在恢复平静，认真学习，不断进步，宝宝要做个好孩子）。

给宝宝讲故事，可以促进其语言发展与智力开发。虽然宝宝不一定能听懂故事的内容，但对五颜六色的图画书充满了兴趣，也对父母生动的朗读充满好奇，从而感受到神秘故事的吸引力。

在给宝宝选购读物时，父母应避免购买有文字的书籍，尽量挑选全图案（最好构图简单）、色彩鲜艳、内容有趣的画册。一边看着图片，一边说出物体的名称，讲讲物体的用途，是很多宝宝非常喜欢做的事物。图片具有丰富生动的视觉图像与活泼有趣的故事情节，不但可启发宝宝对美的领悟，还能培养宝宝在故事情节中尽情地发挥自己的想象。因为好的图画故事书本身就有一大片的空白，可供宝宝从不同的角度自由想象，而且对宝宝的人际智能发展，有着十分重要的意义。

而故事应该与宝宝的生活有一定联系，宝宝只有在一个与他的年龄相适合的环境中，他的心理才会自然地发展，同时也使宝宝更好地听懂故事。

富有感情地讲故事对孩子来说是一种比较有趣的语言启蒙方式，边说边用手做简单的动作可以吸引孩子的注意。使活宝宝从具体的图像中理解事物，从而跨入一个更宽广的领域。

尽情地对宝宝讲话，大量的描述性语言将丰富他的表达能力，最后他也会学着你说了。最后你会发现，宝宝每天都比前一天更聪明，他的小脑袋里也开始慢慢记住了那些故事。

6. 9—10个月，特色声音训练游戏

表情关键词：调皮（什么都知道一点，什么都懂一点的小家伙，要开始捣乱和调皮了）。

当宝宝开始说话时，妈妈可以开始和他玩一些有趣的互动小游戏了。比如说"小狗汪汪叫、小猫喵喵叫、小鸡叽叽叫"时，

注意模仿动物叫声的语调要有所变化，小狗的叫声很高亢，小猫的叫声很轻柔，小鸡的叫声很尖锐。妈妈可以跟宝宝互动，问他："狗狗怎么叫？小猫怎么叫？小鸡怎么叫？"虽然这个时期，有的宝宝还不会说出完整的一句话，但妈妈可先让宝宝感受各种动物的叫声及声调的变化，从高音到低音，从粗音调到柔音调，训练宝宝丰富的语言感知能力。等宝宝满周岁时，他就有了辨别声音种类的能力。

当然，这个游戏的玩法也可以反过来，即准备一些发声的玩具，将它们扔到地上，看看宝宝是否低头在地面寻找，或可先让宝宝看着发声玩具掉在地面上，并让他听到声音；然后再将其他不同发声玩具逐样扔地上；宝宝便会知道玩具掉地上会发出声音了，以后再听见类似的声音，就会低着头寻找。

这样在训练宝宝听觉能力的同时，也促进了宝宝的头部运动。

7.10—11个月，"百宝箱"游戏

表情关键词：自作聪明（在很短的时间内，取得了非常大的进步，宝宝显得自信起来）。

这个时期，宝宝听音辨声和视觉观察的能力愈来愈强，开始学说话了。如何教宝宝学说话是很多父母关心的问题。

培养宝宝的语言表达能力，可以通过做游戏来实现，比如和宝宝玩百宝箱的游戏。

首先，准备1个纸箱子做"百宝箱"，里面装上10—20个大小不同、形状不一的小玩具，如乒乓球、小娃娃、小汽车、小盒子等。

其次，将宝宝熟悉的几件玩具或物品放在他面前，先说出玩具的名称，再把它拿起来给宝宝玩玩，然后放进"百宝箱"。

第三，放完后，再边说边把玩具一件件从"百宝箱"里拿出来。从中挑出几件玩具，隔一定距离放在宝宝面前，说出其中一件的名称，看宝宝是否看或抓这件玩具。

第四，当着宝宝的面把一件会发声的玩具藏在枕头下，让宝宝用眼睛寻找或用手取出，找到后将玩具给他作为奖励。

最后，你可以和宝宝进行游戏互动。宝宝看到自己的玩具都在"百宝箱"会很兴奋，妈妈要及时取出一个玩具，告诉宝宝名称。宝宝可以准确地抓住妈妈所说的玩具，妈妈可以故作夸张地大叫"很棒，很棒"以示鼓励，让宝宝知道他做对了，妈妈很高兴。同样妈妈藏起东西时，会让宝宝很着急，当宝宝找到东西后会很兴奋，这时妈妈也要做出很兴奋的表情，宝宝才愿意一直玩下去。

玩这个游戏，需要宝宝要具备将物品名称与物品连联起来的能力。如果宝宝还不具备，妈妈就应该多做些预习功课，先给他讲各种玩具的名称、特征，来吸引他。

语言不单纯只是单方面的说和听，将词汇与具体事物做完整的联结，宝宝才能更清楚地了解语言存在的意义。

8.11—12个月，先叫爸爸还是妈妈

表情关键词：夸张（为了说话，却不知道用什么部位和动作的时候，小家伙一急，表情夸张得让人捧腹）。

"说话"对于小宝宝来说，早已经形成一种"瘾"，在很多状况下，他会突然发出一些单音节。进入9个月以后的宝宝，妈妈

可一遍一遍地教他叫"爸爸""妈妈"。一开始宝宝可能不会成功，最大程度只能效仿着喊出一声"啊——"。尽管如此，妈妈也一定要以亲亲他、朝他微笑的方式来表示对他的鼓励和认可。妈妈会发现，得到鼓励的宝宝开始大胆"说话"，对着你也"啊——"，对着他也"啊——"。

直到有一天，受到潜移默化的宝宝会脱口而出"爸""妈"！勇气有了，吐字就真的不难了。随后，父母可循序渐进地陆续教宝宝双音节的称呼，比如姑姑、奶奶、姐姐等其他人称代词。

第三章

肢体语言——与妈妈互动的第一步

第一节

宝宝心里不爽的"小动作"

　　宝宝一哭，妈妈就六神无主，有股莫名的烦躁。没有耐心的妈妈听到宝宝哭，会忍不住发脾气，甚至打他的小屁股。宝宝哭也是一种表达，除了声音语言，宝宝也会手脚并用，上演一出摇头甩脑的"探戈舞"，看似哭天抢地，这只不过是宝宝释放能量的一种方式。

　　这小家伙的心里到底打的什么主意？其实，从他的动作就能看出所以然。声音或许会受到环境的干扰，小动作却是一个也逃不出妈妈的慧眼！

1. 抓头皮：真着急，我不知怎么办

　　吃奶的时候，多数宝宝会怕热，出汗，这时头会痒痒，宝宝就会使劲抓。特别在夏天，天气炎热，宝宝出汗多，新陈代谢快，就抓得更厉害。有的时候，宝宝抓不到头皮，就会抓到哪里算哪里。

如果这种情况引起来的抓头发，妈妈要多给宝宝洗洗澡、洗洗头，把头发剪短一些，会凉爽点。

有时候宝宝抓痒是因为耳朵痒，但他不知如何是好，就只好抓头皮。这种情况，要及时带宝宝去做检查。

还有一种情况，妈妈正在吃糖果，宝宝嘴馋。可是甜食对宝宝的胃不太好，妈妈不能给，宝宝伸出双手，身体拼命向前倾，一定要拿到糖果，却还是够不到，于是宝宝开始狂抓头皮。宝宝潜台词：为什么就是拿不到？怎么办？

2.扔东西：我很烦，我不要

将近 1 岁的宝宝，喜欢扔东西。喂他吃饭，他拿起勺子就往地上扔，坐在桌子旁，能拿到什么就扔什么，牛奶喝完了，就把奶瓶扔到地上，怎么拦都拦不住。

瑞士心理学家皮亚杰做了一项研究：他以快到一岁的宝宝为实验对象，当着他们的面把小球放到一块棉布下面，结果刚才还拿着小球玩得很欢的宝宝神情茫然，却不知道到棉布下面把球拿出来。皮亚杰反复做这个实验，每一次都有同样的发现，于是，他下结论说，宝宝眼里的世界跟成人是完全不同的，如果一个玩具从他眼前消失，他就以为玩具不存在了，只有等到 1 岁后，宝宝才会慢慢知道，玩具就算被藏起来了，也不会凭空消失。

现在，让我们换位思考一下，假如你是一个不到 1 岁的宝宝，一个偶然的机会，你把手里的东西往地上一扔，它立刻就消失了，再往地上一看，呀，它居然又出现了，这是多么神奇的魔法。

再扔一次会不会还是这样呢？到底是什么让它消失又出现的呢？于是，你像一个努力寻找答案的科学家一样，一遍遍做实验，每一次的发现都让你兴奋不已。不幸的是，在一边的妈妈却不这样想，她认为你在淘气，快快夺走你扔的东西，把你抱离实验现场，你恼怒异常，但也毫无办法，只好哇哇大哭。

爸爸打电话的时候，宝宝会伸手去抢，这时妈妈马上把玩具手机递给宝宝。想蒙混过关吗？宝宝可不是那么好哄的呢！玩具手机？扔！重重地扔！宝宝的眼里只有爸爸手中的手机，没有其他。宝宝潜台词：统统拿走！都不要！我要的东西无可替代！

宝宝扔东西，妈妈应该如何做？

在妈妈看来，宝宝扔东西的行为是淘气的表现。其实不然，这是他独有的学习方式。其实，宝宝在醒着的时候，无时无刻不在学习，通过学习，他才能逐渐了解周围世界的运行规律。妈妈保护好了这种热情，就为宝宝将来的学习奠定了一个坚实的基础。所以，为宝宝准备一些扔不坏的东西，耐心等待他度过这个敏感期吧。

3. 揉鼻子：急呀，妈妈快来抱我

每个宝宝都有的优越感是什么呢？那就是"妈妈只爱我一个"！所以当妈妈去抱别人家宝宝的时候，小宝宝就要揉鼻子、不高兴、气不打一处来，急啊！急得鼻子不通气，不通气就只好揉啊揉。宝宝潜台词：你是我的妈妈，快来抱我！

天气太热时，宝宝经常吹空调，鼻子好像不太舒服。老揉鼻子，揉的时候好像会感觉鼻子里有鼻水的声音，但也没有鼻水流出来，经常打喷嚏，偶尔还觉得有点鼻塞，只是轻微的。家里太热，不吹空调，宝宝睡不好。

除此之外，如果宝宝经常有鼻痒、鼻塞、打喷嚏、流鼻涕等现象，妈妈应该注意了：

（1）鼻痒（表现为常揉鼻子）；

（2）交替性鼻塞（多表现为嗓子发干，喉咙疼）；

（3）打喷嚏（表现为突然、剧烈或者连续打喷嚏）；

（4）流鼻涕（表现多为清水涕，感染时为脓涕）；

（5）鼻腔不通气（表现为嗅觉下降或者消失）；

（6）头昏；

（7）头痛；

（8）耳闷；

（9）眼睛发红发痒及流泪（眼眶下经常揉眼出现黑眼圈）。

以上症状出现一种或多种时，宝宝就可能患有过敏性鼻炎。过敏性鼻炎又称变应性鼻炎，是鼻腔黏膜的变应性疾病，并可引起多种并发症。长期慢性过敏性鼻炎经感染，炎症很容易向其周边器官侵犯，易引起鼻窦、支气管炎、咽炎、中耳炎、眼结膜炎、扁桃体肥大、睡眠呼吸障碍，以及长期慢性中耳损害引起听力和语言障碍等一列疾病发生。一旦宝宝过敏性鼻炎转为慢性，极易合并过敏性哮喘和咳嗽变异性鼻炎，因此宝宝过敏性鼻炎尤其需要加以重视。

4.揉眼睛：我困了，妈妈我要睡觉

宝宝总喜欢用手揉眼睛。是什么原因呢？一般来说，宝宝困倦的时候或入睡前，会揉揉眼睛。如果只是揉几下，宝宝就入睡了，不用去改变。如果揉得过度了，甚至把皮肤揉破了，眼睛揉红了，那妈妈就要注意了。

在宝宝困得揉眼睛的时候，妈妈可以跟他讲："宝宝，妈妈帮你揉一揉"，然后你用手的平面对整个面部皮肤抚摸一下，使宝宝焦点只在眼睛的感觉扩散一下。整个面部皮肤都有一些变化就松动了。或者，揉几次之后，可以握住宝宝的手，轻轻抚摸宝宝的手，同时讲故事，分散宝宝的注意力。

比如，首先选择宝宝喜欢听的故事。然后妈妈一边讲一边说："妈妈给你揉揉手，很舒服吧。"隔一会儿之后，再轻轻抚摸一下脸，让宝宝眼部痒的感觉逐渐减少下降，分散只要坚持一两周，宝宝揉眼部的习惯就会减少，在这个习惯改变过程中，每次睡觉前摸摸宝宝的手，讲一些小故事。

长大了之后，有些宝宝还习惯于摸着妈妈的手睡觉，对此你可以尝试弄一个软软的小动物放在宝宝手里面，然后对宝宝说："你搂着它，妈妈拍着你睡觉。"这样宝宝目标又转移到另外一方面。像小女孩，一直抱着一个小动物睡觉也是可以的，有的到成人还抱呢。

吃也吃了，喝也喝了，尿也尿了，一切就绪，就等宝宝入眠，他躺在怀里也是晕晕乎乎的，偏偏总是距闭眼入睡有一线之隔，妈妈变换着各种小曲儿催眠，宝宝却在怀里拼命揉眼睛。宝宝潜台词：这些歌都听过了，不好听，睡不着啊！

另外要注意宝宝眼睛有没有炎症的情况，如果有炎症一定要及时治疗，因为宝宝有非常痒的感觉，这时候完全用安慰的方式是不解决问题的，给宝宝用一到三天的康复眼药水是可以有帮助的，关注一下就可以。

　　为了让宝宝安心睡觉，妈妈应该做到以下几点：

　　（1）不给宝宝看夸张鲜艳的图片。

　　（2）不要给宝宝讲紧张可怕的故事。

　　（3）不让宝宝玩新玩具。

　　（4）尽量给宝宝创造一个安静舒适的睡眠环境，唱唱摇篮曲，让气氛和环境带动宝宝尽快入眠。此时，要把握适宜的室温、较暗的光线，以及轻柔的棉被、干爽整洁的纸尿裤，最好在睡前让宝宝排尿。

5. 疯狂摇头：受不了啦

　　有时一家人为了逗宝宝开心，可谓全家总动员。妈妈变着花样逗宝宝笑，爸爸使出浑身解数扮鬼脸，奶奶扭屁股也好笑，爷爷满脸的皱纹超搞笑。宝宝已经被逗得笑都笑不过来，于是左顾右盼地疯狂摇头，好像是在跟家人玩躲猫猫，又好像是在"求饶"——可不可以不要这么好笑？宝宝潜台词：真过瘾！受不了啦……

除此之外，宝宝疯狂摇头可能是身体原因引起的。比如宝宝在睡觉前，或者浅睡眠阶段总是不停地摇头，甚至疯狂地摇头，好像跳探戈似的。这有可能是宝宝颈部和耳后根部有湿疹，痒得难受，所以不停地摇头。对于这种情况，细心的妈妈要多观察小宝宝的身体。

还一种可能是宝宝缺钙，所以妈妈可以在平时多给宝宝补钙与 AD 的同时，多晒太阳。

6. 撇嘴哭：妈妈我害怕

宝宝在家里非常活跃，又笑又叫，能做各种有意识的动作，调皮起来简直是个"小霸王"，可是到了陌生的环境就表情严肃、不苟言笑，陌生人要抱他逗他，他干脆撇嘴哭。到了晚上，睡得浅、

醒得多，除了外界一有响动必醒外，也会无缘无故地在刚睡着不久像触电一般惊醒，早晨6点左右快要真正醒来之前也会打个寒颤后惊醒，看不到妈妈就哭。

这是宝宝在成长过程中必经的一个脆弱阶段，自我保护意识强，无论爸爸妈妈怎么哄也没办法制止，必须等他自己哭累了、想通了，才能睡着。当然，也并非所有宝宝都如此。

妈妈在处理这个问题的时候，要注意以下几点：

（1）睡前哄，拍宝宝的时间不要太长，不要让宝宝在怀里睡沉再放下来，应该留点时间让他自己把睡眠由浅入深。

（2）白天要抽出一定的时间和宝宝亲密玩耍，让他意识到爸爸妈妈很爱他，让他有十足的安全感。

（3）尝试和宝宝玩捉迷藏，让他意识到，即使看不到爸爸妈妈的脸，爸爸妈妈也一直在他身边陪着他，不会离开。

（4）经常带他到外边走走，不要天天闷在家里。外界环境对于宝宝的安睡能起到潜移默化的作用。

第二节

睡不安稳的"孔雀开屏舞"

1. 一场无意识的宝宝独舞

宝宝最初的舞蹈是在睡觉的时候，忽然惊醒，小手乱舞，两脚蜷起来。宝宝这种睡不安稳的肢体语言，像孔雀开屏。出现这些动作，主要有以下几种原因在：

（1）习惯夜里醒来，迷迷糊糊地小声哼哭几声，如果妈妈不理会他，他就开始大哭。这是因为他每次醒来，妈妈立刻抱他或给他喂东西，长此以往形成的条件反射。

妈妈应对小策略：宝宝半夜哭闹的时候，不要马上做出反应，应该等待几分钟，因为多数宝宝夜间醒来几分钟后又会自然入睡。假如不停地哭闹，妈妈就要过去安慰，但不要开灯，也不要逗宝宝玩或抱起来摇晃。若宝宝身体不适的原因，那可能只是生物钟调成了习惯睡三个小时就醒来。妈妈轻轻靠近他，温柔地拍拍他，想办法安抚一下，他便会安稳地睡去。对于处在迷糊状态的宝宝，这招的成功几率很高。如果越哭越凶，那么等两分钟再检查一遍，看宝宝是不是饿了或尿了，有没有发烧等病兆。

（2）宝宝翻身比较频繁，伴随揉眼睛、揉鼻子的动作。太热或太冷，都会导致宝宝小手在空中挥舞，像是寻找依靠一样。

妈妈应对小策略：及时摸一摸宝宝的后颈处，根据温度来调整宝宝的睡眠环境。

（3）宝宝呼吸不均匀，不得不醒来的时候，年纪小的宝宝会大哭，稍大的则用手揉鼻子，大腿也条件反射地缩回来。这是由于空气过于干燥，宝宝的鼻屎影响了顺畅的呼吸。

妈妈应对小策略：用热毛巾敷一敷宝宝的鼻子，或吸一吸蒸汽，有鼻涕要用吸鼻器吸出来，抱起来拍一拍，再让他安心入眠。

（4）入眠后的宝宝，一会小手握拳挥舞，一会形成兰花指状，偶尔还伴随哭泣、大笑、惊恐等表情，这是因为宝宝在睡前玩得太兴奋，把情绪蔓延到梦中的结果。

妈妈应对小策略：在宝宝入睡前1小时，应让宝宝安静下来，睡前千万不要玩得太兴奋，更不适宜一再逗弄宝宝，免得宝宝处在兴奋紧张情绪中难以平静而无法深睡。

（5）宝宝全身一阵扭动，手足无措，大概持续半分钟又接着入睡。这可能是宝宝局部受到困扰或肛门有虫。

妈妈应对小策略：看一看宝宝肛门外有无蛲虫，不确定的话可以去看看医生。

（6）宝宝明明闭着眼睛迷迷糊糊的了，却还是睡不着，只要一放到床上，就哭闹不止、四脚朝天，脚方蹬罢手登场，还哭得不依不饶。

妈妈应对小策略：积食、消化不良、上火或吃得太饱会导致宝宝睡眠不安。如果他撑着了，又不知道怎么办，只能自己"运动一下"。建议在宝宝临睡前只给他喂一点奶，而粥、面等固体食物应在睡前至少两三个小时喂，保证宝宝有消化的时间。

（7）晚上宝宝睡着睡着突然惊醒，伴随无意识哭声而无法入眠。这有可能是宝宝微量元素缺乏，血钙降低引起大脑及植物性神经兴奋性增设引起宝宝睡不安稳，需要做体内微量元素的检查。如果缺钙，会对宝宝日后的囟门闭合造成困难；如果缺锌，要当心宝宝嘴角可能出现的溃烂症状。

妈妈应对小策略：在医生指导下补充钙和维生素 D，让宝宝安安稳稳睡个好觉。

（8）在妈妈怀里睡着的宝宝，会习惯性用手抓住妈妈的衣领，这个潜意识动作是在警告妈妈：别想趁我睡着了把我放下。

妈妈应对小策略：发现宝宝有睡意时，应及时把他放到婴儿床里。最好是让宝宝自己入睡，如果你每次都抱着或摇着他入睡，那么每当宝宝晚上醒来时，都需要妈妈再抱着他或摇着他才睡。

（9）宝宝孔雀开屏的时候，最不喜欢被别人给挡住，束缚了他的自由。所以骄傲的"小孔雀"使尽浑身解数将手往外面伸，两脚像踩自行车一样踩睡袋，这是因为被子限制了他的睡姿，"孔雀舞"施展不出来，当然会半夜醒来。

妈妈应对小策略：适当调整睡袋的松紧，或使用手臂与身体分开的睡袋，让宝宝行动起来更轻松。

（10）宝宝半夜醒来不哭不闹,翻身之后四处寻找妈妈的踪迹,那是在跟妈妈说他要尿尿了。

妈妈应对小策略：尽可能不要半夜给宝宝把尿,如果实在要,最多一次,并且不要做过多其他事情,把尿后直接哄他睡,否则宝宝不能一觉睡到天亮。建议妈妈使用纸尿裤,这样才不会因为把尿而影响宝宝睡眠。

2.宝宝晚上喂奶的注意事项

睡着的宝宝,小嘴巴还在努着,正在长牙齿的宝宝会吸吮嘴唇发出响声,贪吃劲头再大一点的宝宝,甚至把指甲塞进嘴巴里吃。这些都表明宝宝在恋奶。

妈妈喂一点奶,既可以增加宝宝肚子里的奶量,使之有饱腹感,也可以满足宝宝的奶瘾。要知道,吸吮早就形成一种"瘾"了。

晚上一定要喂奶的话,请注意以下两点：

（1）尽可能保持安静的环境。当晚上喂奶或换尿布时,最好让宝宝处于半睡眠状态。这样的话,当喂完奶和换完尿布后,宝宝容易入睡。

（2）慢慢减少喂奶的次数,不要让宝宝形成夜间吃奶的习惯。有的宝宝夜间总要醒来吃一两次奶,每次都是听到宝宝小嘴儿吧达吧达想吃奶的声音,而且小嘴儿也做出吃奶的动作,妈妈在喂奶时,每次吃的都不多也就睡了。

3.如何戒掉吃夜奶的习惯

很多宝宝都有半夜里起来吃夜奶的习惯,这是一个坏习惯。

当然，新生宝宝除外。母乳喂养的新生宝宝需要遵循的是按需喂养，宝宝只要饿了就要给他吃。所以，新生宝宝往往在夜里也吃奶。等到宝宝长到 4 个月后，妈妈要有意识地帮助他逐渐改掉吃夜奶的习惯。因为吃夜奶既不利宝宝的成长，也影响妈妈的休息。

有些宝宝夜里醒来几次，妈妈就给他喂几次奶。结果，妈妈休息不好，甚至累坏了妈妈。其实，吃夜奶还可能导致宝宝长得过胖，也容易使得宝宝长龋齿。

吃夜奶，这并不仅仅是宝宝自己养成的习惯，也是妈妈迁就的结果。夜里宝宝一哭，妈妈就心软，给他喂奶，宝宝就养成喝夜奶的习惯了。所以妈妈要帮助宝宝改掉吃夜奶的习惯。

这或许是个折磨人的过程，有些妈妈在减少夜间喂奶次数或者用水替代奶的时候，宝宝醒来的次数反而更多了，哭得也更加厉害。这个时候，有些妈妈就心软了，无奈之下又想喂奶了。如果不喂奶的话，全家人整个晚上都可能被宝宝搅得不得安宁。妈妈如何才能度过这个艰难的过程？

从第 4 个月起，夜里宝宝就可以少吃一顿奶了，不过妈妈要有计划有安排地让宝宝改掉夜里吃奶的坏习惯。

（1）妈妈可以逐渐减少夜间给宝宝喂奶的次数，从三次到两次再到一次……让宝宝慢慢适应。

（2）为了防止宝宝饿醒，晚上临睡前的最后一顿奶要延迟，把宝宝喂饱，再哄他入睡。妈妈可以晚上 10 点多喂饱宝宝以后，让他睡到第二天早上 6 点。

（3）如果宝宝半夜醒来哭闹，也不要给他喂奶。妈妈要明白只要睡前吃饱了，宝宝不容易饿的。所以你耐着性子哄宝宝，并用手轻拍他让其入睡就行。

（4）就算有一点点饿，问题也不大，睡觉不会消耗太多能量，给他点水喝就可以了。

（5）有时候宝宝哭闹，也不一定是因为他很饿，也可能是想要吸吮的感觉，可以给他个安抚奶嘴吸吸，起到一点安慰代替作用。或者用其他的办法转移注意力。

（6）到了宝宝添加辅食的年龄，就给他喂足辅食，在白天妈妈尽量让宝宝吃饱。在宝宝睡前一两个小时，可以喂点米粉或者奶，以免夜里饿。

（7）改掉宝宝吃夜奶的习惯是个循序渐进的过程。

改掉吃夜奶习惯的关键是：要循序渐进地坚持，宝宝慢慢地就会养成睡整觉的习惯，也就会忘掉夜奶了。

总之，给宝宝戒掉夜间奶，就是要控制奶量，再用各种办法哄宝宝睡觉，用各种东西代替奶给他满足，循序渐进地减少奶量，直到让宝宝睡整觉。当然，妈妈也可以创造适合自己宝宝的方法，只要达到目的就行。

第三节

兴高采烈地"乱舞"

宝宝出生后，从各种无意识的肢体语言到有意识的行为语言，在整个成长过程中，妈妈都要"Hold"住，千万不可操之过急地教给宝宝一些动作。尤其是在他生气、烦躁、不安的时候，妈妈的苦心不但得不到回应，反而会使宝宝对学习产生逆反心理。

随着宝宝年龄的增长，他不再是那个啥也不懂的小乖乖，而是逐渐变成什么都会一点，什么都能模仿、能学习的超级小捣蛋。

在对的时间教宝宝合适的本领才能有收获。半岁的宝宝，要他学说话；8个月的宝宝，要他学走路……最后只能是揠苗助长。要想遵循宝宝的成长规律，妈妈需要看懂宝宝每天都在进步的肢体舞蹈"天鹅舞"！

1. 拉哆来咪：好喜欢这个胎教音乐

宝宝在6—8个月的时候，每当听音乐，会有这样的肢体语言：

双手十指自然弯曲，转动手腕，这是宝宝最简单的手部舞蹈，也是表示宝宝心情舒畅、享受快乐的意思。

每当听到音乐旋律的时候，妈妈可以抓住机会向宝宝示范这个动作，并尽量协调手部动作与音乐旋律相配合，这对培养宝宝良好的音律感和节奏感有帮助。当宝宝高兴的时候，也会跟着听音乐跳舞了。没有音乐伴奏的时候，妈妈可以自己哼起小调带领宝宝转动手腕，"拉哆来咪……拉哆来咪……"每唱一个音节，手腕就转动一次，当宝宝学会后，会情不自禁地双手协调转动起来，露出开心的笑容。

宝宝听音乐从胎教的时候就开始了，但是也要有一些注意事项。

我身边就有一位准妈妈每天开大 CD 机音量，对着肚皮放音乐。有时则干脆将 CD 机音箱直接贴在肚子上。宝宝出生 3 天后，听力筛查双耳不通过，家人在日常生活中，逐渐感觉到宝宝听力不对劲。5 个月时到市妇幼保健院耳科检查，才知道宝宝双耳失聪。

无论是胎教音乐，还是今后的早教音乐，甚至家电、电玩等噪音都有可能危害宝宝的听觉，妈妈要警惕周围的"隐性噪音源头"才是上策。

到底该不该给宝宝听音乐了？怎么听才不会伤害宝宝呢？

怀孕期间，孕妈妈一般都会对宝宝进行胎教，其中音乐胎教更是大多数孕妈妈的首选。然而，在进行音乐胎教时，很多准妈妈却常常陷入误区，在不知不觉中给宝宝带来了无法弥补的伤害。那么孕妈妈究竟该如何进行正确的音乐胎教呢？

（1）勿将传声器放在腹部

胎儿在母亲肚子里长到 4 个月时就有了听力；长到 6 个月时，听力就发育的接近成人了。这时孕妇在保证充足营养与休息的条件下进行胎教，确实能刺激胎儿的听觉器官成长。但注意一定不能将录音机、随身听等放在肚皮上，否则会伤害胎儿的听力。因为 4—6 个月胎儿的耳蜗虽说发育趋于成熟，但内耳基底膜上面的短纤维极为娇嫩，当受到高频声音的刺激后，很容易遭到损伤。

（2）高频音乐不宜做胎教

在音乐的选择上，胎教音乐必须是经过专业选择和设计，孕妇应该听一些节奏柔和和舒缓的轻音乐，像一些节奏起伏比较大的交响乐，尤其是摇滚乐、迪斯科舞曲等刺激性较强的音乐，都不适合孕妇听。胎教音乐应该在频率、节奏、力度和混响分贝范围等方面，尽可能与孕妇子宫内的胎音合拍、共振次数一个星期 2—3 次，或者隔一天进行一次都可以。为了避免高频声音对胎儿的伤害，高频音乐不适合选做胎教音乐，以低于 2000 赫兹为宜，这样对胎儿比较安全。

（3）准妈妈吟唱效果更佳

传统的音乐胎教要求准妈妈在放松的状态下，聆听和感受优美音乐带来的恬静、安宁。这种胎教方式虽然让准妈妈在较长时间内保持愉悦的心情，并促进胎儿发育，但是胎宝宝只能单纯地感受音乐，得不到来自音乐的信息，胎教效果有时并不理想。

孕期母亲经常唱歌，对胎儿相当于一种产前免疫，可为其提供重要的记忆印象，不仅有助于胎儿体格生长，也有益于智力发育，这能使胎儿获得感觉与感情的双重满足。

2. 欢迎与拍拍手：宝宝会"讨好"妈妈了

宝宝在8—10个月时候的肢体语言：双手握成小拳头相互击打，慢慢过渡到双手展开成手掌相互拍打。拍手代表宝宝对客人的欢迎，在喜庆气氛中的"鼓掌"，对朋友的"加油"等。该动作也可以用来表达宝宝对妈妈的讨好之意，当妈妈生气的时候，看到宝宝的这个动作，就赶紧原谅他了吧，这代表他读懂你的生气，在讨得原谅了。

妈妈开心的时候，宝宝主动拍手，就像宝宝很棒，妈妈也会主动鼓掌一样。当然，宝宝最喜欢的还是妈妈唱着儿歌，陪他一起听歌曲、拍小手。

3. 恭喜发财：融入成人世界的宝宝

宝宝在8—10个月的肢体语言：双手紧握，从上到下摆臂，在拍拍手的基础上，"恭喜发财"的动作也应运而生。

逢年过节的时候，妈妈带着宝宝四处走亲访友，宝宝也能向亲友们贺年啦！融入成人世界里的宝宝，会感到内心强大的满足感。好的情绪会促使宝宝喜爱这个动作。

4. 打电话：宝宝开始探索未知世界

宝宝10个月时的肢体语言：手机铃声一响，宝宝就急急忙忙望向电话的方向，如果刚好手机在他身边，他会立马拿起来放到耳边，只差说一声"喂"。

手机能播出各种画面和铃声，好奇的宝宝几乎不需要任何引诱，就开始对手机充满兴趣。尤其是凑到耳边的时候，还能听到里面传来爸爸妈妈的呼唤和自己的名字，宝宝是多么认真呢！妈妈可以和宝宝玩打电话的游戏，以满足他探索未知的好奇心，激发宝宝说话的欲望。

5.小手点鼻子：训练宝宝认识自己

宝宝10个月到1岁的时候，会学着用手掌或手指点自己的五官。

妈妈说："宝宝的鼻子在哪里呀？"然后和宝宝一起用食指点点宝宝的鼻子，同理，可以点嘴巴、耳朵、眼睛等。也可以说："妈妈的眼睛在哪里呀？"来让宝宝指出。这样既训练了宝宝认识五官，也使宝宝明白代词的意思。

6.宝宝不乖：教会宝宝正误

宝宝10个月到1岁的时候，会把手握成小拳头，敲打自己的脑袋瓜儿。

尽管宝宝还小，也要锻炼他分辨对错的能力，当他不好好吃饭，把碗摔碎了，妈妈可以说"打，宝宝不乖"，然后指引宝宝轻轻敲打自己的小脑袋瓜儿。这不是真正的惩罚，而是以更恰当的方法教宝宝什么是正确和错误。

第四节

妈妈围观，宝宝的 8 大本能反应

别看新出生的宝宝天天像"懒虫"一样，表现出一直半睡半醒的状态，然而细心的妈妈会发现宝宝的一些本能反应。下面举例让新妈妈惊叹小宝宝的 8 大本能反应：

1. 到处寻奶喝

宝宝刚出生时，就已经会吃了，这就是本能，不是学来的。只要妈妈轻轻地用手指触摸宝宝一侧脸颊，或者是宝宝的嘴唇或嘴角，宝宝会张开口并把脸转向被碰触的那一边。

如果妈妈轻轻用手触碰宝宝的上嘴唇，宝宝的头会往后仰；如果妈妈轻轻用手触碰宝宝的下嘴唇，下巴就会向下压，试图寻找碰触的来源。这就是宝宝的厉害之处，只要有吃的，宝宝就一定会发现了！

这就是宝宝的寻乳反应，随着宝宝的成长，这种反应会消失，那么何时消失呢?

宝宝渐渐成长,寻乳反射会逐渐消失,尤其清醒时的寻乳反射消失得更快,在宝宝6个月大前后会完全消失。

寻乳反射是宝宝出生后为获得食物、能量、养分而必定会出现的求生需求,也是一种本能的反应。当有物体碰触到宝宝的嘴角,宝宝就会试图寻找食物的来源,并做出吸吮动作。因此宝宝在出生后,医护人员都会尽快将他抱到妈妈的身边,让宝宝与妈妈开始有一些肌肤接触。所以,细心的妈妈赶快来好好地观察一下吧!

2. 用力握紧小拳头

宝宝喜欢牵着妈妈的手,妈妈只要把一根手指放在宝宝的手掌中,宝宝就会紧紧地握着,很多妈妈会为宝宝这样的表现而大受感动,母子情深啊,这个场面真的温馨100%!

这种现象在宝宝出生后第5周达到最强的程度,大概在3—4个月时消失。

这个反射性的本能动作,是宝宝出生就会的,等到宝宝大一些就会慢慢自动消失。之所以有握拳的动作，宝宝可以通过认知学习，慢慢掌握手掌和脚掌握、抓的运用。

若是超过 4 个月还有此反射，可能是宝宝的神经病变。此外，宝宝在第 1 个月会常紧握拳头，但如超过两个月仍持续握拳，则表示宝宝的中枢神经系统有损伤。所以，妈妈们也要时刻留意着宝宝的反射，千万不要以为是自己的宝宝愚钝而已！

3. 呛到口水会自己咳嗽

宝宝其实很早就会喝东西了，在妈妈体内的时候，宝宝已经会吞羊水。最厉害的是，宝宝的吞咽功能是会随着时间的推移而越来越熟练。如果宝宝不小心被水呛到了，还会用咳嗽来保护自己，这些可都是宝宝的本能呀！

所以，当宝宝出生以后，如果不小心因为溢奶或吃奶太急而有咳嗽，妈妈大可放心，不要太着急，这是你的宝宝为了保护自己而有的聪明举动而已。

吞咽反射并不会随着宝宝的成长而消失，反而宝宝的整个口腔运动会随着呼吸、吸吮与吞咽等动作而发展，从而使喝奶更加顺畅。

出生后足月的宝宝，已经具有较好的吸吮吞咽的功能，颊部有坚厚的脂肪垫，有助于吸吮活动，早产的宝宝这项功能可能会较差。所以，这样的宝宝经常会出现流口水的状况。

吸吮动作是复杂的天性反射，严重疾病可能会影响这一反射，使吸吮变得弱而无力。所以，宝宝在刚出生的时候喜欢流口水。但是，这个现象会随着宝宝吞咽功能的成熟而逐渐消失！

4.看到妈妈蜷缩身子

妈妈有时会觉得特别心酸，宝宝一直陪在自己身边，但是只要你突然走到宝宝身旁，会发现宝宝出现两臂外展伸直，继而弯曲内收到胸前，呈拥抱状，就像遇到坏人似的。

难道宝宝连妈妈都不信任了吗？这是真的吗？妈妈感到好惊讶！

这种情况，通常到了宝宝 3—4 个月大之后就会消失。

其实这是一种宝宝正常的生理现象，是宝宝最具防御性的反射，叫作蒙洛氏反射。值得注意的是，如果缺乏这种拥抱反射则说明宝宝大脑神经系统没有发育成熟，或者是神经系统有损伤或病变，颅内出血或其他颅内疾病。

如果宝宝超过 6 个月还有明显的蒙洛氏反射，则要去医院进行仔细地检查、评估。妈妈对此可不要松懈，这关系着宝宝的健康和未来！

5.会用嘴巴练习吸吮

为了出生后立即能吸奶，小宝宝在妈妈肚子里的时候，嘴巴就已经开始运动了，以练习吸吮的能力。

宝宝出生后，如果妈妈将手指放入宝宝的口中，宝宝会自然地吸吮，有时候也常会把自己的小手塞到嘴里，吸吮自己的小手，甚至直接吸吮接触到嘴唇的东西，这也是宝宝饿肚子的一个征兆，此时提醒妈妈宝宝饿了，需要喂奶了！

宝宝的吸吮反射不会消失，但会随着成长而变成一种自我控制的能力，并且从吸吮逐渐进展到咀嚼阶段。

宝宝出生后，咀嚼功能尚未发育完全，只能通过吸吮动作来摄取母乳。吸吮反射和前面说的寻乳反射是配套的反射反应，使宝宝能找到乳头并且吸吮，再加上吞咽反射，宝宝才能顺利喝到母乳并获得足够的营养和食物。

6. 靠自己力量从床上滚起来

宝宝是很有上进心的。有时候，妈妈想把宝宝从床上拉起来，宝宝却想要依靠自己的力量起来，但是力不从心，变成东倒西歪地起来。的确，宝宝天生就是有着这种不屈的耐力！

随着宝宝成长，3 个多月后，宝宝的头颈就较能自主活动了，也较不易东倒西歪。

妈妈在平常也要一起多和宝宝做这个动作，因为这是检验宝宝肌肉张力的好办法。宝宝刚出生时，就会利用此反射来稳定头部的姿势，等到大约 3 个月后，就能真正靠自己的力量抬头了。这也是宝宝自我成长的一个表现。

7. 会踏步会抬步

为了让宝宝早点学会走路，妈妈有时候会把宝宝竖着抱起来，当把宝宝的脚放在平面上时，宝宝会做出迈步的动作。这时，妈妈不禁感概，宝宝真的快要会走路啦！

通常情况下，在宝宝 8 个月大后，这种反应才变得不明显。事实上，宝宝要等到约 1 岁时才会走路。

宝宝的踏步反应也有另外的原因，当脚掌和脚背接受到刺激时，刺激经神经传导至脊髓，引发反射，使髋与膝关节弯曲，产生踏步走路或让脚抬起来踩上障碍物的动作。但这也是宝宝与生俱来的能力。

8. 做出拉弓射箭的动作

当妈妈将仰着的宝宝头转向一侧，同侧的手脚会伸直，对侧的手脚则会弯曲，有点像拉弓射箭的动作。但是这种反射，妈妈最好等宝宝约一个月大后，再试试看吧。

这种动作，通常在宝宝6—7个月大时消失。

其实，这种反射在宝宝出生时已经出现，这样的动作，有助于胎儿肌肉张力的成熟，甚至可以帮助妈妈能够顺利生产。

在宝宝出生后的数周内，此反射动作能阻止新生儿翻身，并且反映宝宝初期的手眼协调能力。但是每次操作都会引发明显的反射，妈妈就要开始为宝宝担心了，认为这可能是异常的反应。如果时间过久，这种反射仍未消失，日后宝宝需要手眼协调的动作往往会受影响。

第五节

宝宝手势知多少

在护理宝宝的过程中，妈妈一定会常常见到宝宝的小手做出各种姿势。有些是男宝宝的专利，有些是女宝宝的长项，每个手势里都藏着宝宝的小念头。

1. 宝宝握拳

宝宝刚出生时总是小手紧握成拳头，一刻不得松开。随着宝宝逐渐成长，还是会有握拳的习惯，但是分别表达着不同的意思。

（1）初生时期，握拳表示宝宝在寻找安全感，仿佛手握得越紧，越不会被打扰到。

（2）长大后，宝宝要便便或嘘嘘了都会握拳，主要为了用力。

（3）手心有异物的时候，会条件反射地一把握住。在宝宝时期，宝宝还不太会使用单个手指，所有东西一律紧握。

（4）害怕。这依然是宝宝延续出生后的紧张情绪。

2. 手掌用力展开

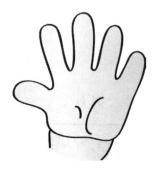

五根手指分别展开，都伸得直直的，绷紧的手掌甚至放不稳一粒花生。表达了以下的意思：

（1）疼痛。宝宝在疼痛的时候会不由自主全身紧绷，就连手掌都绷住。

（2）在宝宝学习"再见"等动作后，会情不自禁地自我练习。绷紧手掌和握拳交替进行时，就形成了"再见"这个动作。

结合宝宝的表情是紧张还是放松，来判断宝宝是疼痛还是在练习。

3. 骄傲的孔雀手

大拇指和食指伸直后紧贴，另外三根指头伸直各自展开，像骄傲的孔雀舞姿。

"我在尿尿呢，别打扰我。"宝宝小便是一个用力然后放松的过程，随着宝宝排出小便后，紧握的小拳头也依次展开，由弯曲变直，由紧闭到张开……

4. 海底捞月

一只手伸到妈妈的衣服里，像钩子一样把妈妈的项链等物品钩出来。这个动作衍生于宝宝翻找袋子里玩具的动作，看到妈妈的衣领口比较大，也把手伸进去想找找有什么东西。

这表示以下意思：

（1）探秘。不知道袋子里（妈妈的衣服里）有没有什么好玩的东西呢？反正伸手进去找找也不吃亏。

（2）烦躁。怎么说了要出门还不出去呢？我等的花儿都谢了，不知道玩什么来打发时间啦！

5. 乱抓乱爬，群魔乱舞

宝宝双手向前乱抓乱爬乱挥舞，像一只发疯的小狮子。如果有东西放在面前，他会一一扔到地上，有些东西砸在地上响声不够大，他还要捡起来再重重地摔一次。

这表示，宝宝烦死了！没看到我一股怒气冲上脑门吗？为什么我的要求就是不答应呢？

6. 犹抱琵琶半遮面

两只小手一起捂住脸，把眼睛闭上，或者从指缝中偷偷看一看外面的情形。表示以下意思：

（1）当宝宝按照妈妈的要求做了很多动作表演后，得到了大家的鼓励，宝宝会感到不好意思了，用双手捂住小脸来表达害羞。

（2）妈妈惹宝宝哭了，再来哄宝宝开心。心里明明不高兴的宝宝，又觉得妈妈的动作表情很好笑，尴尬之间，宝宝也会用掩面的手势来过渡一下，这是宝宝向成熟心境发育的一个重要阶段。

7. 兴奋地拍肚皮

兴奋地用两只手掌拍自己肚皮，随着旁人的节拍，也会有节奏地拍。这表示以下几点：

（1）宝宝非常开心，却还不能用双掌合拢并拍手来表示"高兴"，只好拍自己的小肚皮，快乐之情溢于言表。

（2）宝宝急着想去一个地方，想让抱着自己的妈妈快点走，也会用双手拍自己的肚皮。

8. 自残

用指尖抓头皮，或者揪自己肚皮上的肉肉。尽管非常疼痛，但是宝宝目前还无法将疼痛与行为相联系，看上去好像是宝宝在自残一样。这表示以下两点：

（1）紧张。初生的宝宝第一次下水洗澡，既会感到久违的快乐，也会有一丝紧张，抓住自己的肚皮就像抓到一根救命稻草，怎么也不愿意松开。

（2）急躁。急的时候，头皮就会发麻，宝宝只好用指尖抓头皮，殊不知越抓越烦。

第六节

宝宝用脚丫在思考

1. 为宝宝做腿部按摩

给宝宝的下肢做按摩，包括腿部按摩、脚部按摩和脚底按摩三种。首先介绍一下腿部按摩，可以分为以下三步：

第一步，轻轻沿宝宝左腿向下抚摩，然后手轻柔、平稳地滑回大腿部。

第二步，从宝宝的腿部向下捏到脚。可用两只手同时捏或用一只手握住宝宝的脚后跟，另一只手沿腿部向下捏压、滑动。

宝宝这时可能会踢脚，"帮助"你按摩。鼓励宝宝协调自由地运动是按摩的目的之一，所以不要限制宝宝的这种反应。这种体验对妈妈和宝宝来说都是一种愉悦和享受。

第三步，用同样的方法按摩宝宝的右腿。按摩时不要引起宝宝颈部的不适。同时，定时让宝宝的脸侧向不同的方向。总是朝一个方向对宝宝大脑的神经中枢不利。

2. 给宝宝来个脚底按摩

要为宝宝做脚部按摩，采取以下步骤进行：

（1）用除了拇指以外的手指的指肚绕着宝宝的脚踝抚摩。妈妈的一只手托住宝宝的脚后跟，另一只手的拇指向下抚摩脚底。然后，把四个手指聚拢放在宝宝的脚尖，用大拇指肚抚摩脚底。大拇指按摩脚底时可以稍微加一点力，其他手指不能用力。

（2）妈妈用拇指以外的四个手指的指肚，沿脚跟向脚趾方向，在脚底按摩。按摩时，要稍稍用力，并且保持手法的平稳。每次按摩到脚趾时，手指迅速回到脚跟，根据上述步骤继续下一次按摩。

（3）从小脚趾开始，依次轻轻转动并拉伸每个脚趾。

（4）重复上述步骤，按摩宝宝的另一只脚。腿和脚的按摩结束后，让宝宝翻身俯卧。

3. 脚底按摩7步护理

除了脚部按摩，脚底按摩对宝宝来说也是一项相当舒服的享受，就让我们继续了解一下有哪7项简易的脚底按摩方式。

（1）从脚心开始

先从脚掌心开始，用双手拇指往外抚摸，压过太阳神经丛的位置。这样，可以使宝宝放轻松，释放紧张情绪，也会加深宝宝的呼吸，有助于宝宝对食物的消化。

（2）轻揉脚跟内外部

一手抓住宝宝的脚趾，另一只手轻轻搓揉宝宝脚跟的内外侧，这样有助于宝宝臀部与腹部的压力释放，对于消除宝宝胀气问题特别有效。

（3）从宝宝的脚跟轻按至大脚趾

用指头从宝宝的脚跟到大脚趾轻按或画小圆圈，然后沿着脚背推过去再推过来，重复2—3次。可以松弛宝宝的神经系统。

（4）脚趾与脚掌相接点

在脚趾与脚掌相接处画小圆圈，而且要从小脚趾往大脚趾按，然后从头再按1次即可。如果宝宝鼻腔不适时，按摩此处可改善症状。

（5）脚趾上绕圈圈

妈妈一边哼唱一首宝宝熟悉的歌曲，一边将手指在宝宝的脚趾上绕圈圈，一次即可。对于宝宝的耳朵、眼睛、头盖骨神经、骨骼与牙齿不适症的舒缓都会有所帮助。

（6）脚背向脚趾

妈妈轻柔地用手指从宝宝的脚背朝脚趾处划过去，轻拍脚背。这样，可以有效地促进宝宝的淋巴引流。轻拍脚背则和胸腔有关，可以帮助宝宝擤出鼻涕。

(7) 脚背、脚趾加脚踝

首先先按摩脚背，再从宝宝的脚趾按向脚踝，让宝宝张开脚趾后，再按摩脚底（从脚趾处平顺地按向脚掌心）。一脚结束之后，可换另一只脚。促进宝宝肌肉的运动，让体内温暖的新血来到脚部这个区域，对于循环系统的改善很有帮助。

4. 腿部动作训练营

刚出生的宝宝，每天躺在床上，腿脚也不会闲着，有的会把床板踢得咚咚响，只要醒着，就会一直踢下去。随着宝宝一天天成长，在不知不觉中，已经会自己翻身了，再过几个月，能坐起来了，然后会爬，会站，会走……

这样的过程和场景粗略地勾勒出了宝宝腿脚动作的发展进程。

生命在于运动，宝宝的大动作通常包括翻身、坐立、爬行、走等。随着时间的推移，宝宝的个体在生活空间中的动作更为精密与敏捷。通过一些训练，让宝宝在手、眼、脚的配合与协调方面大为加强，在动作的速度、方向、力量与变化等方面，也更加成熟。

平衡能力是维持自身动作与稳定灵活的一种动作能力。平衡能力主要是训练宝宝做各种姿势与动作，平衡能力的提升还有助于个体对各种感官信息的接受。

宝宝出生半个月后，每天安排在两次喂奶间隙让宝宝俯卧一会儿，并用玩具逗引他抬头，每天一次，时间不要太长。床面不要太硬，以免使宝宝感到不适。

宝宝在 2 个月大时，促使自己将头竖直，训练宝宝转头。将宝宝抱在身上，让他的脸向着前方，另一个人在宝宝的背后忽左忽右地伸头、摇铃或呼唤宝宝的名字，逗引他左右转头，以增强颈部肌肉的控制力。

宝宝3个月大时，开始锻炼颈部和胸背肌肉。当宝宝用双臂支撑前身抬头时，你将玩具举在宝宝头前，左右摇动，吸引他向前、左、右三个方向看，将头抬得更高一些，以锻炼颈部和胸背肌肉。

宝宝5个月时，训练其来回翻身。如果这时宝宝还不能从仰卧位翻滚到俯卧位，你可以握住宝宝的一侧手臂，轻轻地拉向身体另一侧，以引起翻身动作。同时，用鲜艳带响的玩具在他一侧摇响，逗引他去取，当宝宝想取玩具时，你将他的胳膊轻轻推向有玩具的一方，帮助宝宝翻身抓住玩具，在此基础上逐步训练宝宝连续翻滚。

宝宝6个月大时，练习扶坐。宝宝仰卧，让他的两手一起握住你的拇指，你紧握宝宝的手腕，另一只手扶宝宝头部坐起，再让他躺下，恢复原位。

7个月大时，练习宝宝不用支撑独坐。让宝宝坐在硬床上，不给支撑，训练他独坐，锻炼他的颈、背、腰的肌肉力量。

8个月的宝宝，可以训练其爬行。可以用宝宝喜欢的玩具在前面逗引，吸引他爬过来拿取玩具。

10个月大时，训练宝宝站立。让宝宝扶着婴儿床的栏杆或你用手扶住他的腋下，轻轻放手，让他寻找平衡感。

11—12个月时，让宝宝练习走路。可以用学步车或学步带，或者由妈妈搀扶着他走。

5．宝宝小脚丫的 9 大问题

宝宝出生时为什么小脚丫看起来怪怪的？到了学步期，宝宝走起路来怎么一拐一拐的？宝宝的脚怎么一个大一个小……

其实，在宝宝 1 周岁之内出现的骨骼异常，多数属于良性骨骼问题，出生后不需要特别治疗就能自然痊愈。但是妈妈也不能因此掉以轻心，因为一旦错过了治疗的黄金时期，就只能通过手术来纠正了。

理论上，周岁宝宝脚的大小约为其成人时期的一半。如果发现宝宝足部骨骼有异常问题，在 1 周岁以前治疗都能取得好的效果，而且很少造成后遗症。

婴幼儿足部骨骼问题，分别是以下 9 个：

（1）足外翻

在婴幼儿骨骼发育问题中，足外翻相当常见。根据统计，每千名婴幼儿之中有 1—2 人一出生就有足外翻问题。足外翻最明显的特征是新生儿的脚板整个儿不正常地紧贴着小腿，这是因为胎儿在母亲子宫时，足部受到长时间的挤压，造成跟骨背屈及外翻。这通常是脚的姿势问题，而不是骨头排列的问题，出生后挤压感消失后会自然痊愈。一般出生后 2—3 个月内会自然改善，如果没有明显改善就得尽早送医治疗。

父母如果发现宝宝有足部外翻的问题，可在医师的指导下，通过拉筋按摩的方式帮助宝宝的脚板尽早恢复正常。经过按摩后，90% 的宝宝都能够自然痊愈。

（2）屈趾

出生后脚趾有不正常的弯曲现象，大多数发生在新生儿的第3或第4根脚趾上，有弯曲和内转的现象。绝大部分不会对足部造成影响，在成长过程中也会自然改善。若有一个趾头跨上另一个趾头的现象，通常发生在第5根脚趾，则容易影响穿鞋，必须注意是否会造成宝宝穿鞋时的摩擦不适。此外，轻微的脚趾弯曲情况不会恶化，也不会对日常生活造成影响。

为了避免日后穿鞋时有脚趾被摩擦的问题，医师建议妈妈们可用柔软的小绳子将弯曲的脚趾固定在邻近的脚趾旁边加以纠正。此外，妈妈们也可以通过按摩帮助宝宝的脚趾早日恢复正常。

（3）大拇趾内旋

这是一种动态的异常，主要是因为婴幼儿肌肉韧带过分活跃和紧绷，造成了大拇趾偏离另外四趾。如果妈妈经常给予适当的按摩，随着宝宝的长大就会自然痊愈。

不过值得注意的是，即使进行纠正后的患者，在长大后仍有很大的几率会有大拇脚趾外翻的情况，可能在穿鞋时会有不适感，并不会对走路造成影响。

（4）跖骨内旋

这是一种常见的骨骼异常问题，主要因为胎儿足部在子宫内受到挤压，造成前足位置内旋。一般来说，这是一种轻微及良性的骨骼异常问题，可以自然恢复正常，不必刻意治疗。但这类疾病有 2% 合并髋臼发育不良，出现这种情况不可掉以轻心。

在婴幼儿时期，母亲可通过按摩来帮助拉松脚筋。与距骨内翻最大的不同就在于骨内旋的患者症状较轻微，距骨的弹性较佳，自然改善的机会较大。不过，情况比较严重者长大后仍要通过手术纠正。

（5）骨内翻

这是一种较不常见且较为僵硬的畸形，可能是患儿在子宫内受到的压迫时间比较长造成的。5 个跖骨全部内翻，虽然不会产生足部的不便或拇囊炎，但是可能会有美观上的问题及穿鞋的困扰。

通常在新生儿时期就必须以长腿石膏（从脚趾至大腿都用石膏包裹）慢慢纠正，5 岁前做这样的纠正比较有效。如果情况比较严重，进入青少年时期骨骼发育定型后，就必须用手术来治疗了。

（6）先天性距骨垂直症

这是一种严重的病理性扁平足，在足底会有明显的外突畸形，通常合并有骨骼发育不良。这一类型的脚病无法用按摩治疗，通常需辅助 X 光诊断，出生后就应手术纠正，否则会影响患儿日后走路。不过，即使手术后，仍有很大几率出现患处无力、扁平足等后遗症。

（7）Z 形脚

这种先天性畸形是非常复杂的，外观与距骨内翻很像，它是合并后足掌屈、中足外展及前足内旋的复杂性先天异常。如果合并有跟腱挛缩，将会造成婴幼儿在练习站立或走路时的不适。如果没有及时且适当地治疗，将会导致青少年时期走路时的疼痛及后遗症。在 X 光的照射下，会发现小宝宝的前足、中足、后足呈现不规则的 Z 字型异常。

（8）马蹄足

马蹄足的情形容易被误认为是母体子宫内压迫造成的一般足部问题，因而容易错失治疗良机。这是一种较为复杂的先天性异常，包括足部下垂、内翻、内旋和内转等足部问题。若不及时治疗，到学步期脚板将无法完全着地。

马蹄足的致病原因是发育不良。通常是距骨发育不良而变为较短或往内、往下偏移，造成中足内移、内翻和前足内旋，并导致最后的畸形和生长发育不良，甚至造成前后脚的大小不一。

出生 6—12 个月是治疗的黄金时期，患者一出生就必须用长腿石膏矫正，一直到出生后第 12 周。治疗时通常合并跟腱延长术。患儿长大后还是可能会有大小脚的问题，但是不会影响运动和走路。

（9）髋关节发育不良或脱臼

临床发现，孕期中有羊水过少、双胞胎、臀位等情形时，发生的几率会比较高。

如果是脱臼，宝宝一边大腿的活动力会比较差，这类情况比较容易被发现。如果是发育不良，则一边的大腿可能有时正常，有时无法张开。

　　髋关节发育不良或是脱臼通常不会引起疼痛，因此很容易被忽视。新生儿至出生 3 个月内发现，可以通过穿戴脱臼吊带来矫正，愈后效果也比较好。如果等到孩子到了学龄期才发现，就必须通过手术矫正了。

第四章

眼睛的秘密——宝宝的视角有多美妙

第一节

进化防护墙，妈妈来把守

宝宝出生后，在生长的过程中视觉不停地发育、发展、变化。视力是在出生后几个月逐渐增进的。要有正常的视力，两眼视力必须相等。只有这样，才能由"两眼视觉"建立起"立体视力"。

1.0—1 岁宝宝视角发育

其实，早在妈妈怀孕第四周，胎儿的视觉就形成了。此时，眼比针头还小，且被一皮层包覆着。到四五个月时，眼神经、血管、水晶体和视网膜开始发育。到第 6 个月末，胎儿眼睛已有很大的发展。

宝宝出生后，两个眼球已经成形，不过，此时的视力并未完全发育。一般，宝宝出生后的一周之内，视力为 0.01—0.02，到 1 个月大时，视力为 0.05—0.1。宝宝出生到 3 个月之间，眼球并不会固视，而会被脸孔、明亮或运动的物体吸引。所以，宝宝有时候会表现出"斜视"的外观。

1个月内：出生一周，宝宝的视力接近近视，可以把视力集中于8—15厘米远的物体上，还能够用眼追随移动的物体。妈妈可以在宝宝头部上方的位置出示一个红环，作垂直方向的移动，观察宝宝能否马上用眼睛追随红环。一周后，宝宝可以看见稍远处的物体，还将学会跟踪运动的物体，并且喜欢看人的面孔或者高对比度的图案，但两只眼睛运动还不协调。1个多月时，宝宝能看清眼前15—30厘米内的物体，能注视物体了。

2个月：到了2个月时，宝宝视觉集中的现象越来越明显，喜欢看运动的物体和熟人的脸。能协调地注视物体，能区分颜色，但不能分辨深浅，在90度范围内眼球能跟随物体运动，当有物体很快地靠近眼前时，宝宝会出现眨眼等保护性反射，注视小手5秒以上。

到了3个月大时，宝宝的视觉发展进入了一个新的阶段，可以很平稳地"跟随"运动的物体转动，也可以将视线固定在某个物体上。这时候，色彩、运动的物体都能吸引宝宝的视力，同时，这些都可以促进宝宝视觉的发展。

3—4个月：3个月时能固定视物，看清大约75cm厘米的物体，视力约为0.1。注视的时间明显延长了，视线还能跟随移动的物体而移动。仰卧时，两眼会跟踪走动的人。经常有意识地在宝宝面前走，吸引宝宝的关注，观察宝宝眼睛是否会追随。例如，宝宝睡在小床上，妈妈从身边走过时，他的眼睛可以跟着妈妈的身体转动，喜欢看自己的手。对颜色很敏感，喜欢看明亮鲜艳的颜色，尤其是红色。他们偏爱的颜色依次为红、黄、绿、橙、蓝等，所以我们经常要用红色的玩具来逗引孩子也正是这个道理。四个月时，宝宝开始建立立体视觉。

5—6个月：眨眼次数增多，可以准确看到面前的物品，还会将其抓起，在眼前玩弄。将手摇铃挂在摇篮或婴儿床旁边，当宝宝不小心碰到手摇铃时，观察他是否会因声音注意到某处有东西。当宝宝坐起来玩时，他的双手可以在眼睛的控制下摆弄物体，会盯住他拿到的东西，手眼开始协调。在宝宝眼前出示玩具，并上下左右缓慢移动，观察他能否有意识地主动追随。6个多月时，目光可向上向下跟随移动物体转动90度。这时候宝宝的视力可达0.1，能注视较远距离的物体，如街上行人、车辆等。眼睛已有成年人的2/3大。看物体时，能双眼同时看，从而获得正常的"两眼视觉"，而距离及深度的判断力也继续发展。

7—8个月：能辨别物体的远近和空间；喜欢寻找那些突然不见的玩具；跟宝宝玩"躲猫猫"的游戏，观察他的兴奋程度和反应及时与否。

9—10个月：视线能随移动的物体上下左右移动，能追随落下的物体，寻找掉下的玩具，并能辨别物体大小、形状及运动的速度。能看到小物体，能开始区别简单的几何图形，观察物体的不同形状。开始出现视深度感觉，实际上这是一种立体知觉。

11—12个月：视线能随移动的物体上下左右移动，能追随落下的物体；宝宝满周岁时，视力进一步全面发展，视力可达0.2。眼、手、及身体的协调更自然。

宝宝的视力发展情况，总结如下表所示：

年龄	视力	说明
出生	光觉	视力极差，只有光感
1个月	眼前手动	只能聚集在眼前20—30厘米的东西
2个月	0.01	眼睛会随徐徐移动的物体运动，开始出现保护性的眨眼反射
3个月	0.01—0.02	视野已达180度
4个月	0.02—0.05	手眼协调开始，能看自己的手，有时也能用手去摸所见物体
6个月	0.04—0.08	双眼可较长时间注视一物体，手眼协调更为熟练
8个月	0.1	有判断距离的能力，设定目标后会移动身体去拿取
1岁	0.2—0.3	视力与细微动作协调，可处理更小的物品，如用手指抓取食物

2. 怎么发现宝宝有视力问题

宝宝现在还太小，他还不能判断自己是不是有视力问题，因此妈妈需要保持警惕，注意观察存在潜在问题的危险信号。如果宝宝出现以下情况，建议你带他去看医生：

（1）眼睛经常斜视；

（2）需要歪着头才能看得更清楚，比如看照片的时候；

（3）不困的时候，也揉眼睛；

（4）好像流眼泪特别多；

（5）不爱做需要近看的活动，比如涂鸦；

（6）不爱做需要远看的活动，比如看天上的鸟或飞机；

（7）好像对光过度敏感；

（8）看起来好像是对眼，或者两只眼睛好像视线不一致；

（9）眼睛发红，几天都不好，有时候眼睛还疼或者对光线敏感；

（10）好像行动特别不灵巧；

（11）在用闪光灯给他拍的照片里，他的眼睛里总是有一个异样的点。这个点不是普通的红眼，而可能是一个白点一类的；

（12）眼皮耷拉，好像从没有完全睁开过；

（13）瞳孔里有白色、灰白色或者黄色物质；

（14）眼睛凸出；

（15）眼睛流脓或者有结痂；

（16）眼睛外观出现了任何其他变化。

医生会判断宝宝的眼睛是不是真的有问题。医生可能会帮宝宝检查眼睛，筛查视力。如果有必要，医生会建议你带宝宝去看眼科专家。

3. 让宝宝眼睛明亮的营养

1岁之内是宝宝眼睛发育的关键时期，但生活中各个角落，都隐藏着看不见的宝宝眼睛健康的杀手。要打好宝宝眼睛健康的基础，均衡补充营养，才能让宝宝拥有一个"明亮"的未来。

提到保护眼睛视力，大部分人会联想到维生素A。其实，还有很多营养素也和眼睛发展、预防组织老化、维护视神经健康有密切关系。例如：维生素B群、维生素C、胡萝卜素、DHA等都是不错的营养补给选择！

拒绝眼睛干涩——维生素 A

含有维生素 A 及胡萝卜素的食物对眼睛都有好处。因为维生素 A（也可由胡萝卜素转换而得）是黏膜细胞分泌的必要成分，如果黏液分泌不足，眼睛容易出现干涩、疲劳、充血等干眼症困扰。此外，维生素 A 也是眼球细胞内视紫（为一种可接受光刺激的色素蛋白）的重要成分，如果视紫无法形成，眼球对黑暗环境的适应能力就会减退，严重时还容易出现夜盲症的现象。

所以，当宝宝饮食长期缺乏维生素 A 或胡萝卜素摄取，或出现眼睛干涩、不舒服（如：泪水分泌量变少、眼睛不再水汪汪）时，建议妈妈不妨在宝宝的饮食中，添加富含维生素 A 及胡萝卜素的食物，如：动物性来源的动物肝脏、蛋黄、牛奶与奶制品，以及植物性来源的黄绿色蔬果（如：花椰菜、南瓜、红萝卜、苋菜、菠菜、红薯、木瓜等）。

持神经系统健康——维生素 B 群

眼球中有许多视觉神经细胞与视力密切相关，而维持神经系统健康的大功臣——维生素 B 群，就是参与人体能量正常运作、神经传导的重要因子，不过经常被人们忽略。比如说，在我国传统烹调习惯中，多以煎、煮、炒、炸的方式准备日常饮食，这种高温的烹饪方法很容易会破坏维生素 B 群的存在；再加上多数人喜欢吃精致食物（如：白米饭），导致维生素 B 的摄取机会大幅度降低，造成许多神经传导障碍的困扰。

妈妈们，知道在哪里能找这类复合式的维生素 B 群吗？

没错，在动物肝脏、乳类、瘦肉、绿叶蔬菜、豆类、小麦胚芽、糙米、啤酒酵母中，就蕴藏着这类丰富的活力因子。

保护眼球健康——维生素 C

维生素 C 是一种抗氧化物质，也是组成眼球水晶体的成分之一。除了能防止水晶体老化、避免视网膜遭受紫外线损伤；更能促进胶原蛋白形成，增加眼睛内细小血管的韧性，帮助增进眼球健康。如果体内缺乏维生素 C，就容易出现水晶体混浊的白内障。

然而，维生素 C 并无法由人体自行合成，需要每天从食物摄取。因此，建议妈妈在给宝宝的饮食中可以多选取富含维生素 C 的深绿色及黄红色蔬果（如：黄瓜、菜花、菜、鲜枣、番石榴、番茄、草莓、奇异果、葡萄柚等）。

闪亮眼球活力——DHA

提到 DHA，很多妈妈都知道，这是一种能帮助宝宝智能成长的重要营养。但是你可能不知道 DHA 也是眼球的组成成分。这种人体无法制造的必需脂肪酸，在视网膜磷脂中 DHA 占了 40% ~ 50%（主要集中在视网膜以及光受体中）。

由于 DHA 可通过血液视网膜屏障，能刺激视网膜上的感光细胞，使讯息快速传递到大脑，达到视觉提升的效果。建议在给宝宝的饮食中，不妨多选取富含 DHA 的海藻类食物以及深海鱼类（例如：鲑鱼、鲔鱼等）。

少吃甜食

冰淇淋、蛋糕、糖果等甜食，是宝宝的最爱，但对视力却没有好处。过多的糖分会影响钙质吸收，使眼球巩膜弹性降低，且高血糖易引起水晶体渗透压改变，使水晶体变凸，导致近视。

4. 避免生活中两种光线

宝宝是爸爸妈妈捧在手心呵护的宝宝，自出生后爸爸妈妈便开始担心生活中的许多"光"会对他的眼睛造成伤害，那么该如何防范呢？

凶手1：相机闪光灯

帮宝宝照相时应避免使用闪光灯，因为强光会损伤视网膜，影响其视力发展，家中也不要有刺眼的日光灯。

凶手2：紫外线

如果无适当防护，紫外线不仅会晒伤宝宝，更会导致"紫外线眼炎"，对视力形成不良影响，对眼睛造成伤害。带宝宝外出时，最好带着遮阳伞或给宝宝戴上小帽子，上午10点到下午2点间，是紫外线是最强的时候，应避免出门。

眼睛是"灵魂之窗"，所以爸爸妈妈一定要从小帮助宝宝养成良好的生活习惯，均衡摄取养分，并且带他定期检查，才能让宝宝拥有好视力！

第二节

进化训练营，妈妈来参军

1. 宝宝视觉发育锻炼方法

0—6个月——"黑白期"

新生宝宝只能看到光和影，吃奶的时候刚好可以看到妈妈的脸，再远则不见。3个月大时已具有三色视觉，但这个时候他们最感兴趣的还是对比强烈的黑白两色，尤其是黑白相间的图案，所以最好在宝宝眼前20—38厘米处放一些具有黑白对比色的玩具。

6—12个月——"色彩期"

这是宝宝辨别物体物象细微差别能力（简称"视敏度"）的发展关键期，此时他们需要的是颜色对比鲜明的图像和玩具。为了使宝宝视觉尽快发展，爸爸妈妈可为他布置一个色彩鲜艳的舒适环境，当宝宝醒过来时，通过观察可刺激他的视觉，促使其功能的成熟。

1 岁以上——"立体期"

宝宝能直立行走了，开始对远近、前后、左右等立体空间有了更多认识，这时妈妈可以给宝宝准备一些 3D 玩具，引导宝宝视觉从二维向三维转化，激发想象力，如各种积木几插接式、镶嵌式的玩具都是对此时的孩子有启智作用的玩具。

2. 练就一双会说话的眼

我们会发现，舞蹈演员的眼睛与众不同！这是因为在舞蹈过程中，眼神也是肢体语言的一部分，舞蹈演员有专门的眼神训练课程，训练出一双传情达意的明眸。

宝宝的眼神也是需要训练的，宝宝眼神如何训练呢？

视觉训练方法：婴儿仰卧位，在小儿胸部上方 20 — 30 厘米处用玩具，最好是红颜色或黑白对比鲜明的玩具吸引宝宝注意，并训练宝宝视线随物体作上下、左右、圆圈、远近、斜线等方向运动，来刺激视觉发育，发展眼球运动的灵活性及协调性。

以下是舞蹈演员眼神训练的方法，妈妈不妨从中借鉴，帮助宝宝训练。

（1）定眼

眼睛盯着一个目标，分正定法和斜定法两种。

正定法：在前方 2 — 3 米远的明亮处，选一个点。点的高度与眼睛或眉基本相平，最好找一个不太显眼的标记。进行定眼训练，眼睛要自然睁大，但眼轮匝肌不宜收得太紧。双眼正视前方目标上的标记，目光要集中，不然就会散神。注视一定时间后可以双眼微闭休息，再猛然睁开眼，立刻盯住目标，进行反复练习。

斜定法：要求与正定法相同。只是所视目标与视者的眼睛成25度斜角，训练要领同正定法。

（2）转眼

眼珠在眼眶里上、下、左、右来回转动，包括定向转、慢转、快转、左转、右转等。

定向转眼的训练有以下各项：

眼球由正前方开始，眼于移到左眼角，再回到正前方，然后再移到右眼角。如此反复练习。

眼球由正前方开始，眼球由左移到右，由右移到左。反复练习。

眼球由正前方开始，眼球移到上(不许抬眉)，回到前。移到右，回到前。移到下，回到前。移到左，回到前。再反复练习。

眼球由正前方开始，由上、右、下、左各做顺时针转动，每个角度都要定住。眼球转的路线要到位。然后再做逆时针转动，反复练习。

左转：眼球由正前方开始，由上向左按顺序快速转一圈后，眼球立即定在正前方。

右转：同左转，方向相反。

慢转：眼球按同一方向顺序慢转，在每个位置、角度上都不要停留，要连续转。

快转：方向同慢转，不同的是速度加快。

以上训练开始时，一拍一次，一拍二次，逐渐加快。但不要操之过急，正反都要练。

（3）扫眼

眼睛像扫把一样，视线经过路线上的东西都要全部看清。

慢扫眼：在离眼睛 2 — 3 米处，放一张画或其他物。头不动眼睑抬起，由左向右，做放射状缓缓横扫，再由右向左，四拍一次，进行练习。视线扫过所有东西尽量一次全部看清。眼球转到两边位置时，眼睛一定要定住。逐渐扩大扫视长度，两边可增视斜 25 度，头可随眼走动，但要平视。

快扫眼：要求同慢扫眼但速度加快。由两拍到位，加快至一拍到位。两边定眼。还可结合上述十二种眼神练习进行表演及小品练习。

初练时，眼睛稍有酸痛感。这些都是练习过程中的正常现象，其间可闭目休息两三分钟。眼睛肌肉适应了，这些现象也就消失了。

常言道："手之所至，腿随之；感情所至，心随之；心之所至，感情随之；感情所至，味随之。"在训练中要注意结合感情表现，进行眼睛训练。

3. 保护宝宝眼睛 5 大行动

为了保护宝宝的眼睛，可以采用以下 5 大行动：

（1）健康是基础

宝宝出生后，眼睛及视觉是以渐进的方式发育的，通常宝宝的视力到 6 岁才能达到成人的水平。在 0—1 岁时期，妈妈要精心呵护宝宝的眼睛。宝宝在这个时期许多眼睛疾病发生，都可以矫正并恢复到原来的状态，所以妈妈应该多注意宝宝眼睛的发展状态。

（2）视觉好，视力才好

人的大脑在出生的第一年里可以成长到 80%，特别是前 6 个月，眼睛发育快速，视觉也快速发展。宝宝的学习十分依赖感官，所以当宝宝凭借视觉建立物体、空间的概念后，才能进一步发展抽象概念。而视觉发展不佳，除了影响学习效果外，还让宝宝没有安全感。

（3）避免蓝光，防病变

蓝光是一种肉眼无法辨识的光谱，是宝宝眼睛的隐形杀手之一。若宝宝暴露于过度的蓝光下，其眼睛很容易受到伤害，特别是会引起黄斑部病变。紫外线会损害眼睛，但它伤害的只有角膜和水晶体，因为它不能穿透这两者进行深入地危害，但蓝光却能够穿透水晶体，直达黄斑部。

（4）护眼从出生开始

由于初生宝宝的眼睛水晶体是完全透明的，蓝光穿透水晶体到达视网膜的比例比较高，所以初生宝宝的眼睛最易受到蓝光的伤害。但随着年龄增长，水晶体会逐渐变黄，而黄色可以阻隔和过滤蓝光，因此相较于成人来说，婴幼儿眼睛受到蓝光穿透水晶体而到达视网膜的比例，较成人高出 4 倍之多。

（5）均衡饮食

均衡饮食能有效避免蓝光对宝宝眼睛的伤害。母乳中含有许多天然的叶黄素，因此母乳哺乳能够有效帮宝宝摄取到最天然与足够的叶黄素营养，避免蓝光对其眼睛造成的伤害。

医学研究证实，叶黄素可以吸收、过滤黄斑部的蓝光，避免视网膜受到伤害。由于人体无法自行合成叶黄素，必须从食物中摄取，因此建议多食用深绿色蔬菜。

常见蔬菜及水果中叶黄素及其他营养素的含量见下表所示：

叶黄素含量	食物来源	其他营养素	食物来源
高含量	菠菜	维生素A	蛋黄、奶油、动物肝脏、深绿及深黄色蔬果
中含量	青豆、莴苣、西兰花、南瓜、玉米	DHA	鲑鱼、鲔鱼、鲭鱼

近视会遗传，父母有近视，宝宝也容易近视。但需要补充的是，此处所指的遗传，除了受父母基因影响外，更容易受生活方式的影响。基因的遗传会使孩子有"易近视体质"，但多数近视的成因，仍以后天环境及用眼习惯不当所致。从宝宝出生起，妈妈就可从生活的小细节，观察宝宝的视力是否正常，并给予妥善照顾，从小为宝宝的视力扎下好根基！妈妈这样做：

（1）少看电视

宝宝的视网膜尚在发育，电视、电脑等对其发育都有不良影响。若要看，1 次不超过 30 分钟，1 天以 1 小时为限，电视画面需柔和稳定，保持与电视平面对角线长度 6 — 8 倍的距离。

（2）配对游戏

宝宝开始辨别简单的几何图案，一些形状及颜色的配对游戏，会让宝宝很感兴趣，同时也能训练手眼协调能力。

第三节

宝宝最常见的眼神语言

1. 新生儿视力的特征

宝宝刚出生时，对光线就会有反应，但眼睛发育并不完全，视觉结构、视神经尚未成熟，视力只有成人的1/30。他能追着眼前的物体看，但视野只有45度左右，视力也只有成人的1/30，而且只能追视水平方向和眼前18—38厘米远的人或物。新生宝宝偏爱注视较复杂的形状和曲线，以及鲜明的对比色。

新生宝宝视力特征：

（1）新生宝宝的眼球前后直径比较短，视力发育不健全，仅有光觉或只感到眼前有物体移动。

（2）新生宝宝最喜欢看妈妈的脸，当妈妈注视着他时，他也会看着妈妈，这时是妈妈与宝宝进行情感交流的最佳时机。

（3）新生宝宝有活跃的感光能力，他能看到周围的事物，分辨不同人的脸，喜欢看鲜艳动感的东西。

（4）新生宝宝的眼睛约有23厘米的聚焦距离，如果想让他看某样东西，最好放在这个距离内，这也是哺乳时妈妈的脸与宝宝眼睛之间的距离。这个距离的物体发生缓慢移动时，宝宝也会随之轻微地移动眼睛。

如何检测新生儿视力？

新生宝宝的视觉异常除明显畸形外，一般较难发现，一直要等到半年以后，随着症状明显，爸爸妈妈才有察觉；此时对于某些先天性眼病的治疗已显得过晚。那么如何尽早发现新生婴儿的视觉发育异常呢？

①用手电筒照眼睛。此时新生儿立即闭眼。轻开眼皮照瞳孔，瞳孔会缩小，此谓瞳孔对光反射。

②头眼协调动作。新生儿低头前倾、眼球向上转；头后仰，眼球向下看，此谓洋娃娃眼。

③短暂原始注视。用一个大红色绒球在距眼20厘米处移动60度角的范围，能引起新生儿注视红球，头和眼还会追随红球慢慢移动，此谓头眼协调。

④运动性眼球震颤。在距新生儿眼睛前20厘米处，将一个画有黑的垂直条纹的纸圆筒或鼓（长约10厘米，直径约5—6厘米），由一侧向另一侧旋转，新生儿注视时会出现眼球震颤，即眼球会追随圆筒或鼓的旋转来做水平运动。此谓视觉运动性眼震。

应注意孩子双眼的大小、外形、位置、运动、色泽等，尽早发现先天异常，并应防治源于产道的感染性眼病。

2. 从小重视与宝宝的目光交流

为了好好育儿，父母们对于书本上的早期教育知识学习颇多，却往往忽视了与宝宝的交流。有专家表明与孩子目光的交流对于建立父母与孩子的依恋关系十分重要。父母与宝宝的眼神交流如何进行好呢？

（1）2—3周可持续目光对视

朋友的女儿3岁了，可她还不会说话，只用手指表达自己的意图，目光不灵活，不喜欢和小朋友玩……对此，朋友一家人十分着急。寻遍名医，都没有得到确诊。后来，转向找心理医生。可是，这个任性的、缺乏耐心的宝宝在整个交流过程中，几乎没有和心理医生、父母进行任何的目光交流。

后经询问诊断，了解到尽管朋友很重视在各个阶段教孩子一些应有的知识，但却轻视了与孩子的交流，尤其是在婴幼儿时期的目光交流。而这正是目前很多父母在教育孩子的方法上存在的误区。

有研究表明，目光对视从孩童时期就对人产生社会性和认知方面的影响，这种影响从宝宝最初建立与妈妈的目光接触就开始了。初生的宝宝就会看人的脸，但是往往要到2—3周时才会进行持续的目光对视。

如果到这时宝宝还不会进行目光接触，就可能是社会性或智力上发展迟缓的征兆。

（2）出生后一月目光接触最重要

此外，一项研究还发现，宝宝在出生第一个月如果没有与自己的看护人建立起目光对视接触，那么在宝宝以后的成长过程中，往往表现出非常不同的行为模式。比如，早期没有目光接触的宝宝通常在社会性发展上较为迟缓，到五六岁时出现较多的行为问题。

由于现在很多家庭是老人带孩子，因此看护人可能会忽视了与孩子的目光对视，而这种对视所引起的感受往往在早期的亲子依恋中起着纽带般的重要作用。对许多妈妈来说，与宝宝的目光接触是第一次的"心灵交流"。

事实是，宝宝在婴儿时期就已经具有相当的智力了，妈妈们或是带孩子的老人与孩子相处时应谨慎地去照料和对待宝宝、爱宝宝。

总之，从小多与宝宝进行目光交流有利于其安全感和依恋感的建立。

3. 宝宝需要爱的眼神

在日本，一谈起育儿学，人们就会想到内藤博士，在半个世纪里，他撰写了近30部育儿著作，被誉为日本育儿之神。其中最为著名的是《育儿原理》，在该书中他提到育儿的根本在于"眼神"。

很多年轻的父母对此感到很困惑。对此，内藤博士做了这样的解释：婴儿不会用语言来表达自己的感受，但会用眼睛来判断父母对他的爱。眼神是心灵之窗，即使是刚出生的婴儿，也能和以温柔的眼神注视他的人视线对合。母爱就是靠这种眼神的对话来传达的。

因此，新妈妈只要怀着温柔的心情去怀抱宝宝，以充满爱的眼神去注视宝宝，这种由眼睛和眼睛的对话产生的"心与心的对话"，对培养宝宝健康的身心具有十分重要的意义。

幼儿在1岁半至2岁半时期，最需要母亲的爱，但在这一时期，父母很容易用"不许这样"之类的口吻训斥孩子，其实这种做法很不好，用孩子最需要的充满母爱的眼神去注视他，这样才更有效。

此外，内藤博士还强调，新妈妈要尽快地进入角色，即母性本能的自我发现。孩子一出生，母亲就喂以初乳，这不仅仅是营养问题，更重要的是，婴儿嘴唇的刺激从乳头前部神经传到母亲的情绪中枢，进一步刺激了母性的本能，从而激发了更强烈的母爱。母亲要意识到自己是一位母亲，要满怀信心地接触婴儿，婴儿的心灵就会充满安全感。

第四节

宝宝的眼睛警铃

1. 宝宝眼睛警铃大筛查

人们常说眼睛是心灵的窗口，其实眼睛也是诊病之窗口。尤其对于儿科医生，通过观察宝宝的眼睛，往往能发现疾病，乃至辨别病情的轻重。

有的孩子很难和你对视，你如果仔细看看，就会发现宝宝在注视物体时出现内斜或外斜，如果孩子在 1 岁时斜视还是不能自然矫正，家长可带孩子看眼科医生。

如果孩子的眼睑部位有些浮肿，就需要分析一下是睡眠时枕头太低，还是临睡之前喝水过多，或吃得太咸？否则，就需要排除一下是否有肾脏或甲状腺功能低下等问题。发生过敏反应时也可突然发生眼睑浮肿，常发生在早晨起床时，比较轻微，活动后很快会消失。

再从眼神来看，如果一个孩子在发烧时两眼炯炯有神，吃、喝、玩乐不耽误，你不必为他过分担忧；如果两眼无神，全身疲惫状，就需要特别留心了。孩子是不会假装生病的，如果孩子在睡眠时间充足之后仍然没有精神头玩耍，两眼迷茫无欲状，即使不发烧，也不可掉以轻心。因为这是一个非常值得注意的精神状态或神经精神系统疾病状况的信息之一，家长要以此为线索，全面进行观察，以备就医时准确反映孩子的身心变化。

2. 培养宝宝用眼习惯

（1）宝宝一出生后，就开始培养良好的用眼习惯

妈妈可以挂在宝宝床头一些转铃或者其他彩色小玩具，而且要定期更换位置。一定要注意定期更换悬挂点，调整悬挂的距离、方位，不要让宝宝长时间注视一个地方。

（2）卫生习惯，不要用小脏手揉眼睛

告诉宝宝不用脏手揉眼睛，勤剪指甲，饭前便后要洗手。

（3）清洁用品要勤换

宝宝睡觉时，眼屎多，需要妈妈用干净纸巾擦去，但是，一定要注意，不要反复使用同一张纸巾。

（4）设立宝宝专属使用物品

宝宝出生后，皮肤娇嫩，免疫力较低，很容易被不干净的东西感染。当宝宝与其他小朋友一起玩耍，或者在一起时，不要使

用别的小朋友用过的毛巾等物品，避免传染疾病，宝宝自己使用的物品，也不要给别的小朋友使用，建立宝宝的专门使用品。

（5）遇到眼疾，赶紧治疗

宝宝眼睛不舒服时，会有各种症状，这时候，妈妈需要及时带宝宝去就医，不能延误病情。如果宝宝不小心患上结膜炎等眼疾，不宜用东西遮盖患处，否则眼分泌物无法排出，会加重病情。

（6）避免宝宝"斗鸡眼"

初生宝宝会出现"斗鸡眼"的现象，这是因为宝宝双眼间的距离比较宽，靠近鼻子的眼白部分要较靠近耳朵的眼白部分小得多，使宝宝的眼睛看似移靠内侧；宝宝手臂太短，当他们注视手中的东西时，无法将东西拿远，只有使眼球对视来集中焦点，形成"斗鸡眼"或轻微斜视的样子。这会随宝宝的成长而消失，一般六个月后就很少见了，妈妈不用太紧张。

3. 宝宝的眼睛会说话

看似乖巧的小宝宝，一会儿瞪大了眼，一会儿抛媚眼，一会儿眯眯眼，一会儿睁一只眼。男宝宝的眼神时而犀利、时而温柔；女宝宝的眼神时而忧伤、时而妩媚。宝宝到底要表达什么呢？

在宝宝很小的时候，妈妈可以通过宝宝的眼神来了解宝宝的心理想法，下面就教大家一些小方法。其实，宝宝的眼睛里面有故事。

（1）小眯眼表示调皮

宝宝轻微地眯起两只眼睛，在闭与不闭之间，能看到妈妈的表情，也能自顾自地不理会。宝宝的样子就是调皮，好像在告诉妈妈，反正你不能把我怎么样……

宝宝出现这样的情形，往往是在"耍赖"的时候。比如，要妈妈抱抱，撒个娇，会露出这样狡猾奸诈又讨巧的表情。

（2）**犀利眼表示讨厌**

有时候，宝宝的双眼瞪大、眉头紧锁，充满愤怒地看着别人或者别的东西。

出现这种情形，说明宝宝不高兴了。有时候，宝宝和别的小朋友一起玩玩具，遇到别的调皮的宝宝，玩具被抢走了。

如果宝宝心爱的玩具被别人抢走了，宝宝的眼神会露出这股霸气。

（3）淡定眼表示无所谓

宝宝的眼睛望着远方，眼神涣散，没有聚集在一个地方。就算别人站在保镖面前，他也好像看不到你一样。

仓央嘉措曾经有一首很经典的诗：你见，或者不见我，我就在那里，不悲不喜；你念，或者不念我，情就在那里，不来不去；你爱，或者不爱我，爱就在那里，不增不减……

这时可以这样来形容宝宝了：你抱，或者不抱，我无所谓，早晚而已；你喂，或者不喂，我都可以，张一张嘴而已。

出现这种现象，可能是宝宝困了，或者觉得伤心难过了，索性不理会这纷繁的一切……

（4）大牛眼表示神奇

宝宝瞪大了眼睛，两颗眼珠都要蹦出来了，双眼瞪大如牛眼，盯着某个物品看，不眨眼、不转头。

宝宝一定是发现了"新大陆"，比如，看到一个新玩具，觉

得这个玩具也太神奇了吧！看了再看，还是没看够。宝宝心里想，我还没看懂，再看一遍吧！

随着宝宝的成长，好奇心逐渐被彻底打开，但是对于新奇物还抱有一丝不安，想要静观其变，又按捺不住内心汹涌澎湃的好奇，此表情让宝宝倍感可爱。

（5）魅惑眼想得到赞美

宝宝两只眼一起忽闪忽闪地眨着，嘴角还牵出微笑，眨眼的时候还望着对方，让人忍俊不禁。

宝宝似乎在对别人说，我美吗？我可爱吗？你们喜欢我吗？

这是宝宝调皮的表现之一，待宝宝吃饱喝足，小屁屁也干爽，此时的宝宝可以说是身心愉悦，闲来无事，就逗一逗妈妈吧，让妈妈更爱我。

（6）独眼龙表示一目了然

这个表情，最常见于宝宝初生一个月以内，一只眼好像还处于睡眠状态，而另一只眼睁得炯炯有神。

很多妈妈不理解，为什么会这样呢？

因为这时候的宝宝还没有良好的视力，没有双眼配合的感受，只好用更有力或偶然睁开的那一只眼看世界，他不觉得有奇怪之处，反而沉浸在他所好奇的一切模糊景象之中。

（7）无神眼表示困了

最明显的现象是，宝宝的眼皮耷拉下来，但还是不愿意闭上眼睛，再睁开眼睛玩一会儿，可是实在睁不开了。

因为宝宝困了，但不想睡，还想再玩一会呢。

小宝宝精力过剩，怎么玩都玩不够，即使困了，还想继续玩一会，纠结的情绪让宝宝无法入眠，只得这样与自己"死磕"。

随着小宝宝慢慢长大，他的眼神里还有很多的意义。如下表所示：

宝宝眼神	眼神表达的意义
宝宝眼睛发亮，出现兴奋的光芒	宝宝明白了道理，找到了答案。不管宝宝的答案是否正确，妈妈都应该夸奖他，然后给予讲解
宝宝目光迟钝，左顾右盼	宝宝拿不定主意的时候，会表现出这种眼神。这时妈妈要鼓励宝宝，帮宝宝分析事情的可能性与合理性

续表

宝宝低着头，眼睛躲闪着，不敢和妈妈目光相对	宝宝觉得犯了错误，怕受批评。妈妈可以追逐宝宝的目光，用微笑和探询的表情鼓励宝宝。相信宝宝能改正，并告诉他仍然爱他
宝宝怒目而视	宝宝认为父母处理某事不公平，他很不满意。此时，妈妈不可压制宝宝，应该反思究竟，给宝宝申辩的机会，以理服人
宝宝目光轻松，眉飞色舞	孩子高兴的样子
双目凝视，紧紧盯着一样东西或人	宝宝在聚精会神地追根究底，妈妈不宜轻易打扰。最好顺着宝宝的视线，找到宝宝所注视的事物，探个究竟，并可引导宝宝，使他获得更多知识

　　细心的妈妈，善于从宝宝的眼神中发出的信号，准确和贴心地呵护宝宝，满足他们生理和心理需求。一生中，妈妈给予宝宝最无条件的满足，只有在他们的宝宝时期是最坦然、最应该、最无错的。

　　要好好珍惜这样的机会，花心思去捕捉宝宝释放出来的信号，发现用眼睛来诉说的宝宝心中的秘密。

第五节

培养安稳睡眠宝宝

1. 宝宝的睡眠特性

　　宝宝在 0—1 周岁内，每一个阶段都有可能出现夜里睡不安稳的情况。宝宝在 6 个月大前，因为睡眠周期尚未建立，所以夜里睡不安稳的原因，生理自然情况居多；6 个月大后，睡眠周期已逐渐形成，出现夜里睡不安稳的原因，疾病的因素可能居多。

正常的宝宝睡眠和我们的睡眠差异很大，对此很多妈妈多虑了，以为宝宝睡不安稳，其实有可能只是宝宝当时睡眠的特性。

正常成人的睡眠周期如下：快速动眼期及非快速动眼期，前半夜以非快速动眼期为主，后半夜以快速动眼期为主。非快速动眼期与快速动眼期时间总长约 4：1，而做梦及睡不安稳多在快速动眼期发生。

反观宝宝的睡眠，非快速动眼期与快速动眼期时间总长约 1：1，这表示宝宝的快速动眼期相对增加很多，也就是宝宝浅睡的时间较多，宝宝会看似睡不安稳，手脚会乱动，时而伴随哭泣，眼球眼皮会不规则转动，甚至微微张开眼睛。

这样的状况平均 60 分钟出现一次，所以妈妈很容易误认为宝宝睡不好，其实，这是正常的情况。妈妈要在一旁观察，多轻拍安抚，千万不要急忙抱起，这样反而真的打断了宝宝的正常睡眠。

2. 引起宝宝睡不稳的原因

引起宝宝夜里睡不安稳的原因，主要有以下几点：

（1）环境因素

睡眠的地方太嘈杂、太闷热，或者宝宝穿的衣服太多或过少。衣服包被过多是最常见的，尤其是刚出生头几个月，因为妈妈总认为小宝宝很容易着凉，所以穿得多又包得紧。其实"婴仔屁股三把火"，他们的新陈代谢率较成人高，这时候不是怕热，而是怕冷，所以衣服包被过多造成宝宝燥热，反而睡不好。

解决的方式很简单，原则上"在室内"宝宝需要的衣服件数跟妈妈一样，睡觉时再盖上毯子或薄被即可。

（2）宝宝吃不够

这也是宝宝出生后头几个月常见的原因，出现的现象是，宝宝翻来覆去又一直出现吸吮的动作，有时候它只是需要吸吮，有时候它是真的饿了想再多吃一点。喂奶瓶的宝宝，妈妈可以拿奶嘴来试探宝宝，是需要吸吮还是要牛奶，需要喝奶的宝宝就会把你塞给他的奶嘴吐出。

母乳喂养的宝宝较为方便，只是妈妈最好要学会躺着喂奶，遇到这种情形就是给宝宝含乳吸吮。提醒妈妈的是，需要确实知道宝宝是否有正确含乳（宝宝嘴巴要张大，吸吮时会停顿，也就是嘴巴会有一吸一放的节律，妈妈也会感到乳汁分泌），以及宝宝是否有足够尿量（第一天至少换一片含尿的尿布，第二天两片，第三天三片，依序增加。一星期后每天至少6次才算足够），如此才能确定宝宝是否喝足，也好评断睡不好的原因。

（3）宝宝肚子不舒服

如果宝宝出现肚子胀气、积便，或单纯的宝宝腹绞痛而睡不好，处理的方式不外乎以薄荷油帮宝宝按摩肚子，或用肛温计以量肛温的方式刺激肛门排便。若是上述的方式无法解决宝宝的哭闹或睡不安稳，就要带给小儿科医师做诊察来查明原因。

（4）宝宝感染

常见的感染包括感冒、中耳炎、咽喉炎、细支气管炎、肺炎、肠胃炎，少见的如脑膜炎、败血症，都有可能造成宝宝睡不安稳。一部分的感染会合并发烧，且各个感染症常会有本身特殊的表现，所以当合并睡不安稳时，常常妈妈也已经寻求医师的协助，虽然各个感染症造成睡不好的原因不尽相同。如上呼吸道感染包括感冒、中耳炎、咽喉炎，多是因为鼻塞睡不好；下呼吸道感染包括肺炎、细支气管炎，多是因严重的咳嗽或呼吸喘而睡不好；肠胃炎是因为腹绞痛或反复呕吐或腹泻而睡不好，脑膜炎、败血症等严重感染，会活力不好又睡不好，这些都需要小儿科医师的对症治疗，以及一定的病程进展，才会逐渐解除宝宝睡不好的情况，需要爸爸妈妈相当的爱心、耐心及体力来面对。

（5）惊吓、虐待或白天太兴奋

当宝宝情绪波动较大或心理上遭受伤害时，自然夜里会睡不安稳。如果白天太兴奋，会影响宝宝一两天的夜眠；如果遭到惊吓，则可能影响深远，惊吓除了对身体、心理的伤害还包括刻意忽视，宝宝心理无法获得充分的安全感。

宝宝睡不安稳的原因很多，具体原因如下表所示：

序号	原因	对策
1	缺乏微量元素，血钙降低	这样会引起大脑及植物性神经兴奋性增加，导致宝宝晚上睡不安稳。需要补充钙和维生素D，如果缺钙，宝宝的幽门就闭合得不好；如果缺锌，一般嘴角都会溃烂
2	太热、太冷	宝宝睡眠时，父母要根据天气情况仔细检查一下宝宝的被褥情况

续表

3	鼻子太干燥，有鼻屎	宝宝鼻子太干或呼吸不畅，会影响宝宝入睡及睡眠质量
4	睡眠前玩得太兴奋	在宝宝入睡前0.5—1小时，应让宝宝安静下来，睡前不要玩得太兴奋，更不要过分逗弄宝宝。免得宝宝因过于兴奋、紧张而难以入睡。不看刺激性的电视节目，不讲紧张可怕的故事，也不玩新玩具。要给宝宝创造一个良好的睡眠环境。室温适宜、安静，光线较暗。盖的东西要轻、软、干燥。睡前应先让宝宝排尿
5	注意肛门外有无蛲虫	要是有蛲虫，宝宝会觉得不舒服或者痒痒，也会影响宝宝的睡眠
6	宝宝晚上哭	很多妈妈看到宝宝晚上哭醒会以为宝宝饿了，然后就给宝宝喂奶，其实这是一个很不好的习惯，这样做反而会造成宝宝有晚上睡醒了要吃奶的习惯
7	积食、消化不良，上火或者晚上吃得太饱	这会导致睡眠不安。建议喂粥、面等固体食物应在临睡前至少两三小时喂，睡前再喝一点奶
8	母乳宝宝的恋奶	这可能对新妈妈的习惯有关，需要妈妈也做一些调整，如喂奶时尽量不要让宝宝抓着
9	夜间喂奶	夜间睡眠过程中一定要喂奶的话，要注意：尽量保持安静的环境。夜间睡眠过程中喂奶或换尿布时，不要让宝宝醒透（最好处于半睡眠状态）。这样，当喂完奶会换完尿布后，宝宝会容易入睡。要逐渐减少喂奶的次数，不要让宝宝产生夜间吃奶的习惯

续表

10	如果宝宝因为夜里想尿尿就醒	本人觉得应该给他用尿不湿，这样不至于因为把尿影响宝宝睡觉。如果有的是用尿不湿的话，一定是尿不湿包得太紧才致尿尿不畅，因而憋醒
11	发现宝宝有睡意时	及时放到宝宝床里。最好是让宝宝自己入睡，如果你每次都抱着或摇着他入睡。那么每当晚上醒来时，他就会让你抱起来或摇着他才能入睡
12	不要让宝宝含着奶嘴入睡	奶嘴是让宝宝吸奶用的，不是睡觉用的，若宝宝含着奶嘴睡着了，在放到床上前，请轻轻将奶嘴抽出
13	4—6个月的宝宝哭闹	不要及时做出反应，等待几分钟，因为多数宝宝夜间醒来几分钟后又会自然入睡。如果不停地哭闹，妈妈应过去安慰一下，但不要亮灯，也不应逗宝宝玩、抱起来或摇晃他。如果越哭越甚，等两分钟再检查一遍，并考虑是否饿了、尿了，有没有发烧等病兆等。如果宝宝没有其他不适的原因，夜里常醒的原因很大一部分是习惯了，如果他每次醒来你都立刻抱他或给他喂东西的话，就会形成恶性循环。建议宝宝夜里醒来时（应该都是迷迷糊糊的），不要立刻抱他，更不要逗他，应该立刻拍拍他，安抚着想办法让他睡去。一般如果处在迷糊状态的宝宝都会慢慢睡去。大了，有时候夜里也醒，还哼哼唧唧的。一开始老想要去抱他，然后他就完全醒了，要好久才重新入睡。后来想是不是做梦呢，于是就在旁边看着他，不去惊扰他，果然，一会儿，没声了，继续睡了
14	被子或者睡觉姿势不舒服	父母要在宝宝即将入睡时，把宝宝寝具检查妥当

续表

15	分离焦虑	大家常说的"怕生"，这个在宝宝9—18个月最严重，除了表现在依恋、不愿分开妈妈和非常熟悉的人，怕见生人，在陌生环境中自我保护意识强（常常表现为：在家里活跃得很，一刻不停，又笑又叫，是个小霸王；一到外边就表情严肃，不苟言笑，陌生人一逗就撇嘴要哭）外，就表现在晚上睡眠醒得多，睡得轻，对外界警醒

　　宝宝成长发育的每一个阶段，都有个体的差异，有的宝宝就没什么问题，下面这些建议，对很多宝宝有帮助：

　　睡前哄，拍宝宝不要时间太长，在宝宝睡着之前离开，让宝宝自己睡着。不要妈妈抱着睡着。

　　白天要有一定长的时间和宝宝亲密地玩，让他（她）意识到爸爸妈妈很爱她，会给他充足的关爱。

　　和宝宝玩捉迷藏，让宝宝意识到即便宝宝看不到爸爸妈妈，爸爸妈妈其实也在宝宝周围。

　　经常带到外边看看，不要天天闷在家里，只熟悉家里的环境。

第五章

声音语言——开启宝宝的社交大门

第一节

小社交，大学问，读懂宝宝的社交能力

4—6个月的宝宝，随着听力水平和模仿能力的不断提高，会逐渐进入了咿呀学语阶段，这是宝宝学习语言的必经过程。这个阶段，有的宝宝会说一些莫名其妙谁也听不懂的话，这是宝宝学习语言中常见的现象。这时候，妈妈应该努力地去领会宝宝的意思，积极地和宝宝交流，并借此机会教他正确的发音。

1. 宝宝咿呀学语

4个月以后，宝宝能比较明确地对身边人的声音做出反应，听到声音就会把头转向发出声音的方向，眼睛好像寻找说话的人，甚至还会发出轻轻的笑声；看到妈妈时，脸上会露出甜蜜的微笑，嘴里还会不断地发出咿呀地学语声，好像在向妈妈说着知心话。这就是宝宝的咿呀学语。

从科学的角度看，每一个新生婴儿的语言发育都会经历三个阶段：

（1）模仿和学习

模仿是宝宝语言发育的一个重要阶段，必须靠听觉、视觉、语言运动系统协调活动，这个时期宝宝学说话显得非常活跃，只要他吃饱睡醒了，就会自个儿咿咿呀呀地说个不停，有时是模仿自己的发音，有时模仿别人的说话。听到声音时会将头转向发出声音的方向，眼睛好像会寻找说话的人，甚至会发出轻轻的笑声。

宝宝的咿呀学语会让他体会到无限的乐趣，于是不停地发声，这样的声音让爸爸妈妈感到高兴，就忍不住地给予回应。同时，可以让孩子看色彩斑斓的音乐书，触摸发音键，再听听音乐书的动物发音，这确实是宝宝协调运用眼、手、唇、舌、声带、脑等器官的最好训练。这样的亲子互动在无形之中对宝宝学语言起到了强化作用，会使宝宝从没有意义的咿呀学语过渡到富有意义的说话。

这个月龄的耳聋宝宝也会像正常宝宝一样咿呀学语，但因为听不到自己和别人发出的声音，发音的兴趣就会消失，语言的发展因此而受到了阻碍。由此可见，模仿和学习对宝宝的语言发展很重要。

（2）发音能力的形成

宝宝已经能发出较多的自发音，并能清晰地发出一些元音的时候，是爸爸妈妈培养宝宝发音的好时机。

你会发现，宝宝开心时的咯咯声，用鼻子哼哼的声音，还有呢喃的咕咕声。很快你就可以听到宝宝发出这样的声音，比如"啊""哈"，接着你可以辨别到小宝宝通常首先发出这样的声音"m""b""p"。这时候，你如果简单地教宝宝如何用舌与唇发笑声，或者对他的声音报以爽朗的微笑后，发出赞许声，并轻轻地模仿他的声音与他一对一回答时，他就会更起劲地和你说个不停。

宝宝情绪愉快时多与宝宝说笑，能促进宝宝发音和语言发展，而宝宝哭的时候也是不可错过的训练机会。有时宝宝哭个不停，哭泣时，妈妈可以轻轻抱起宝宝，用手指在他嘴上轻拍，让他发出"哇、哇"的声音，也可以把宝宝的手放在妈妈的嘴上，拍出"哇、哇"的声音。这可以作为宝宝发音的基本训练，也可促进宝宝对语言的感知能力。不过，要注意教宝宝发音的时候一定要保持和孩子同样的高度，让他能够看到你的唇型。

（3）语言交际能力

重复是宝宝学习语言的方式，一遍又一遍地说可以加深他的记忆。多与宝宝交流可以提高宝宝的语言交际。

有的宝宝会说一些莫名其妙谁也听不懂的话，这是宝宝学习语言中常见的现象。这时候，妈妈应该努力地去领会宝宝的意思，积极地和他交流，并借此机会教宝宝正确的发音。如果宝宝在嘀嘀咕咕地说一些词语的时候，父母不要嘲笑，这样会打击宝宝说话的积极性，要在一旁鼓励，给予赞许，并参与进来，使宝宝增加说话的积极性。

如果你想进一步促进宝宝语言能力的发展，可以对宝宝进行一些口腔肌肉协调性的训练。方法如下：

吸面条：经常给宝宝做一些手擀面作为辅食，可以让他用手抓着吃，然后用嘴把面条吸进去。

使用吸管：可以教宝宝用软吸管喝水，让他把嘴唇的力量集中在距离吸管头部半寸的位置上，鼓励他多用力。

2. 宝宝用嘴巴来建立关系

出生开始到1岁以内，宝宝确实是用嘴来完成很多事情的，特别是头几个月更明显。比如，宝宝饿了、困了、尿布湿了，他都会用哭声来表示。当你对他微笑、发音时，他会发出喉音来回答你。当宝宝看到色彩鲜艳的玩具时，能发出"啊""噢""呢"等声音表示他愉快的心情……在5个月以前，宝宝会用嘴巴表达他的很多需求。

5个月后，很多宝宝用嘴巴更深度认识新事物了。当妈妈把玩具递到宝宝的小手中，宝宝来拿的时候，小手和小嘴是同时张开的，手嘴同步，嘴巴嗷起像只鸟，这样子很搞笑。

原来，小小的嘴巴在宝宝的世界里如此重要，它不仅满足宝宝吃奶、喝水的生理需要，还带给他无限的快乐。

此外，宝宝还会通过嘴巴来表达爱。从小，他就被很多人亲吻。等他大一点，他要表示对一个人的喜欢，就会把那个人亲得满脸口水，然后咧着只有几颗牙齿的嘴巴开怀大笑。

总体来说，用嘴巴探索世界是宝宝必然经过的一个阶段。爸爸妈妈能做的就是让宝宝完成这个阶段，并逐渐过渡到下一个阶段。爸爸妈妈能做的不是阻止，而是满足。

对于宝宝来说，情绪和情感基本都是用嘴巴表达的。请尊重宝宝，尊重他表达自己的方式和途径。我们也是这样过来的，不要因为自己的好恶去判断宝宝，更不要因为自己麻烦而阻止他们的"嘴巴程序"，这都会给宝宝带去创伤体验，会让你的宝宝很敏感。

3. 好妈妈的表现要稳定

宝宝在出生 6 个月以后，已经能够区分经常接触他的人和陌生人。但大多数宝宝不愿意接近陌生人，因为他对不熟悉的人缺乏安全感。因此当有陌生人抱他或者亲近他，对有的孩子而言，甚至当陌生人只是靠近他时，他就会表现得惊恐不安，这就是陌生人恐惧，也就是俗话所说的"认生"。

对待出现陌生人恐惧的婴儿，妈妈可以让孩子与陌生人保持一定的空间距离，而妈妈与陌生人很轻松地说说话，显得很高兴的样子。孩子就会明白："哦，看来这个人并不可怕。"等到孩子的情绪平静下来，他便有可能出于自己对陌生人的好感和好奇，自己主动与陌生人接近和交流起来。这就为发展孩子良好的人际交往能力奠定了很好的基础。宝宝出生后，不仅需要父母在生活上给以悉心照顾，而且需要在心理上获得满足。

4. 宝宝要建立自己的关系

6—8月大的宝宝，尽管对妈妈还是有依恋，但和其他宝宝相处的时候，他可能不把妈妈当成世界的中心。细心的妈妈会发现，当你抱着宝宝和小区里的其他宝宝玩时，他们会很巧妙地进行交流。遇到自己喜欢的小朋友，宝宝会开心地咿呀"聊天"，甚至摸碰对方。这时，有些妈妈为了避免宝宝互相抓伤，会马上把宝宝抱开。其实，宝宝是在建立自己的社交关系，妈妈应该鼓励，而不是阻止。

对此，有人做实验，让33个小组、每组3个不认识的婴儿坐在一辆特别设计的婴儿推车里，三个婴儿可以互相摸碰对方。在实验过程中，成年人，包括他们的母亲都保持安静，婴儿们在一起玩了15分钟。实验结果表明，婴儿在调整自己和别的孩子相处方面非常突出。婴儿会拉脚趾、摸对方，甚至"谈话"的动作，显示他们有转移感情的能力，还会在妈妈转过身去的时候，"策划"嬉戏玩闹一下。

　　人与人之间直接的交流就能让宝宝学会发音说话，为此只让宝宝看电视、听收音机是完全没有任何作用的。当然语言的学习也不需要特别的语言课堂，只要让宝宝们坐在一起开心地玩乐，他们就能从中体会感受。

　　语言的多少可以说与宝宝的人际关系有着密切的关系，能说比较多的话的宝宝往往能更快地与周围的宝宝建立良好的关系，而建立了良好人际关系的宝宝在与其他人的交流沟通中往往也获得了更多说话以及学习说话的机会。

第二节

婴语世界为妈妈打开了一扇门

1. 欢迎宝宝到来，好妈妈当好"导游"

当宝宝来到这个世界上时，对外界环境需要一个适应的过程。尤其是出生后的 7 天，是新生儿对外界环境的适应尤为重要的时段。妈妈该做些什么，才能让宝宝适应与妈妈子宫完全不同的外面世界呢？

（1）帮宝宝感受"皮肤语言"

在妈妈怀孕 12—16 周时，胎儿就有了触觉。当他的小手摸到羊膜、膝盖碰到子宫壁时，他都会有感觉。这样的刺激唤醒了胎儿的神经末梢，尤其是嘴巴周围的神经特别灵活，这样胎儿才能吮吸。子宫里的空间很狭小，因此胎儿和妈妈密切地连接在一起，也因此他的皮肤没有受到过外界的刺激。

当宝宝降生后，助产士和护士都发现，宝宝能注意到第一次触摸。所以，这个时候妈妈应该尽可能地多抱抱宝宝，帮他学习感受到"皮肤语言"。

（2）世界很嘈杂，但妈妈在这里

分娩刚结束时，小宝宝像一名刚刚经过剧烈比赛的运动员。所以，他首先需要安静，而不是吃些什么。当然，在产房里就让宝宝亲近妈妈的乳房也很重要。在出生后一两个小时内，宝宝要吃奶的愿望就表现出来了。他在吮吸时，开始对这个世界有了信任——妈妈在这里，她还会继续喂养我。所以，尽管妈妈生完宝宝很累，但尽可能让宝宝多亲近你的乳房。

（3）母婴要同室

妈妈和宝宝出院后，宝宝的卧室应当和妈妈在一起，要做到母婴同室，这样便于妈妈能随时看到宝宝、照顾宝宝，为按需哺乳提供有利条件。如有条件的话，尽可能将新生宝宝的卧室安排在朝南的房间，因为这样的房间阳光充足，打开窗户就可直接晒到太阳，吸收到阳光中的紫外线，起到预防维生素 D 缺乏性佝偻病的作用。新生宝宝的房间光线要明亮，以便于观察新生儿的变化，如黄疸是否出现、皮肤有无感染等情况。还可促使新生宝宝很快地分辨白天与夜晚的不同，对养成新生儿有规律的睡眠起到一定的作用。

（4）宝宝的房间，妈妈来布置

新生宝宝到来之后，妈妈可以先帮助布置好卧室，以迎接家庭新成员的到来。妈妈在布置时，要注意在卧室少放家具，以便于对新生宝宝的观察和护理，同时，也方便室内的清洁卫生打扫。此外，新生宝宝的床应尽量靠近妈妈的床，新生宝宝床的高度最好是新生宝宝躺在床上时能很方便地看到妈妈的脸，而妈妈也能很容易看到宝宝的活动情况，以增强母婴之间的目光交流。妈妈可以方便的时候经常拍拍新生儿，使之做到母婴之间的皮肤接触。在房间四周的墙壁上，张贴一些色彩鲜艳的图画，最好是一些活泼可爱的儿童人物画、小动物画，可给宝宝一个良好的视觉刺激。房间内可放置一台放录音（像）机，经常播放一些柔和、悦耳的音乐，以促进新生儿的听觉发育。在新生宝宝床的上方，约15—20厘米的高度处，悬挂一些色彩鲜艳并可发出声响的玩具，在新生儿清醒状态下，轻轻摇动玩具，他会不自主地随玩具的摇动而转动眼睛去看，这样既训练了视觉又训练了听觉，对新生儿大脑的潜能开发具有一定的积极作用。

（5）为宝宝制造点动静

在妈妈怀孕 20 周左右，胎儿的听觉就开始发育了。肚子里有很多耳朵的"食物"：妈妈血管里血液流动的声音、吞咽声和肠胃咕噜咕噜的声音、心脏跳动的声音。外界的声音也会通过肚子的过滤传进来，并且和里面的声音叠加起来。子宫里除了全天候能听到声音，胎儿几乎时刻处在晃动中，哪怕是在妈妈睡觉时，小东西也是被轻轻地晃动的。就连妈妈的脉搏，对胎儿来说也是低声的颤动。如果妈妈在上楼梯或者散步，胎儿就像坐在摇动剧烈的秋千上。

宝宝降生后，外面的世界对他来说是吵闹的。说话声、门响都不再有过滤直接传到他的耳朵里，之后可能又是突然的安静。宝宝可能会感到害怕，因为他已经习惯了耳边一直有声音。宝宝非常喜欢有点"嘈杂"的家庭生活，也不愿意躺在安静的房间里。因此，妈妈可以把宝宝抱在肚子上睡觉，重新感受心跳的声音和呼吸带来的轻微颤动。

2. 永远不要让宝宝感到寂寞

很多人认为，刚出生的宝宝，什么都不懂。其实，其大脑具有惊人的吸收能力。意大利著名幼儿教育家蒙苔梭利将这种能力称为"胎生的吸收精神"。这种吸收能力在宝宝越接近零岁的时候表现得越强。0—2岁孩子的脑子，是我们任何成年人也无法相比的。不管难易程度如何，宝宝都能够理解并接受大人给予的教育性刺激，并且所记忆的图像其清晰远远高于高清晰度的计算机。而且，这一时期输入的信息将原原本本地进入到深层潜在意识中。

宝宝学习说话，靠的不只是单纯的记忆，更多得源自这种"吸收精神"。每个宝宝都是这样的，可以说，每个宝宝都是天才。

然而，如果妈妈不了解这种情况，忽略了婴儿期的大脑开发，让宝宝安静地渡过婴儿期，将错失很多机会。因为研究表明，0—1岁，是神经细胞突触产生和消失的关键时期，人将失去一半的神经元和神经细胞。而"幸存"的神经元和突触决定了大脑的功能，因此，宝宝的经历和体验，在这个过程中至关重要。比如说，宝宝出生一两天就有"认妈妈"意识，6个月时就受到周围语言的影响。因此，妈妈与孩子的成长密切相关。

所以，要尽早和宝宝接触交流，并且给他创造一个丰富多彩的环境。比如接触大自然，聆听好的音乐等。千万不要让宝宝寂寞地渡过婴儿期。

3. 使用婴语与宝宝交流

尽可能用婴语与新生宝宝沟通交流，否则他就会失去"交谈"的兴趣，长久如此，就影响其语言能力的发展。

（1）和宝宝进行眼神交流

当妈妈目光注视宝宝的时候，他也会尝试与妈妈沟通，并为这种"沟通"感到开心；当妈妈对宝宝说话，无目光交流时，宝宝能感觉到妈妈的敷衍行为。

宝宝这样说婴语：当宝宝感到妈妈在敷衍自己时，会通过各种动作和表情来吸引妈妈的注意，试图将妈妈的注意力重新吸引到自己身上。当他的这种努力没得到回应的时候，他就会烦躁不安，哭闹不止。

妈妈应这样回应：假如妈妈能读懂宝宝此时哭闹的意思，在和宝宝交流的过程中，用目光和他交流，关注到他的情绪，这样宝宝就会收到妈妈传来的信息啦！并会在心中偷喜，太好啦！原来妈妈也会说婴语。

（2）宝宝能读懂你的表情

当妈妈以开心的表情和开心的语调和宝宝交流时，宝宝会变得兴奋而愉悦；当妈妈以悲伤的表情及悲伤的语调与宝宝交流时，宝宝会变得悲伤，并开始哭泣；当妈妈以悲伤的表情和快乐的语调或者快乐的表情和悲伤的语调跟宝宝沟通的时候，宝宝会变得烦躁不安，并哭闹起来。

宝宝这样说婴语：宝宝的开心、悲伤或烦躁的情绪都在告诉妈妈，妈妈，我不仅接收到了你的语言信息，还收到了你的非语言信息，你的快乐让我快乐，你的悲伤让我悲伤，你的表里不一让我不知所措。

妈妈应这样回应：如果妈妈能听懂宝宝的婴语就会明白，即使宝宝还很小的时候，就已经能够通过观察别人的情绪理解各种情绪，并以同样的方式表达出来。这样会提醒妈妈，不仅仅是语言，自己的情绪更能给宝宝带来正面或负面的影响，因此妈妈与宝宝交流时，一定要表里如一。

（3）沟通时出示实物更有效

妈妈边讲边指时，宝宝的眼睛会顺着妈妈的手指去观看，也会更加心领神会妈妈所传达的意思，而妈妈光讲不指时，宝宝表现出不知所云的困惑。

宝宝这样说婴语：当妈妈边讲边指时，宝宝在用他的眼神和专注的神情告诉妈妈，妈妈我明白了，我还想听；当妈妈不用手指指物体时，宝宝用自己的表情在说，妈妈，我听不懂你在说什么。

妈妈应这样回应：如果妈妈能听懂婴语就知道，教宝宝认知时给宝宝出示实物，会更有效果。

4. 智力发育有时候超越语言能力太多太多

把握宝宝智力发育的过程，有助于爸爸妈妈培养高智商宝宝。宝宝的智力发育主要有八个关键时期：

第 5 周前后，机体器官快速成熟，所有感官都开始工作。比如，宝宝开始在哭的时候掉眼泪，或者用微笑来表示开心，他还不时地对周围发生的一切进行观察和聆听，对气味和动静做出明显的反应。

第 8 周前后，宝宝发现周围环境原来不是一成不变的，而是由活动的具体的东西组成。这种眼花缭乱的变化，让他感到不安。不过，要是能经常躺在妈妈的怀里，与妈妈保持亲密的接触可以在一定程度上消除宝宝恐惧感的出现。

第 12 周前后，宝宝发现了动作，还认识了某些活动的过程。于是，他过去呆板的动作变得灵活起来，还懂得了自己可以控制自己的行为。这也说明自己拥有的"本领"，他发出了尖叫，格格地笑，兴奋地学语，并且不断地试图和妈妈或其他人"聊天"。

第 19 周，宝宝懂得抓东西，会转动或翻动可以拿到的东西，会注视物体的运动过程。这时他对一切都要研究一番——用手摸，或者往嘴里送。

第 26 周，宝宝慢慢理解了事物之间的因果关系，如按一下按钮就能听到美妙的音乐。同时，他已懂得某件东西可以放在另一件东西里面，也可以放在第三件东西的外面；东西既能在近处，也能在远处。所以，他最感兴趣的事情是把东西拿出来搬进去，把什么都弄得乱七八糟。

第 37 周，宝宝懂得对各种事物进行抽象地分类，比如他懂得，猫总是"喵喵"地叫，大猫小猫、花猫白猫也不例外。这表明，他已经开始像大人那样运用逻辑思维了。

第 46 周，宝宝意识到，做任何事情都有先后顺序，所以，他最喜欢的游戏是"自己动手"，即按照先后顺序来完成某件事情。他正是通过这种游戏来学习"办事"，而且加深对顺序的印象。但他又以为这一顺序是不变的。

第 55 周，宝宝终于发现，原来顺序的先后可以由自己来决定随意地改变。这时，他能够按照自己的意愿来"制订计划"，明确表示自己想要什么。

第三节

给宝宝"爱的发声练习"

　　宝宝从出生开始，就会对声音有一种天然的敏感和反应。对于一个新生命，从简单的哭声，到渐渐学会掌握和运用自己的声音，从而形成语言，是一个奇妙的变化过程。在这个过程中，父母扮演着十分重要的角色，所以在宝宝练习发声的时候给其信心和期待。

1.1 个月：唤起宝宝的名字

　　生命是如此神奇，宝宝在刚出生时就能够对声音进行空间定位，他可以根据声音的频率、强度、持续时间和速度来分辨各种声音的细微差别，并表现出对妈妈语音的特别偏爱。

　　出生后，经过一个星期的学习，宝宝通常会"记住"自己的名字，尤其是当妈妈唤起他的名字时，宝宝的反应会更加明显。所以，妈妈可以多和宝宝进行"姓名训练"，每天重复地对宝宝喊他的名字，宝宝会特别积极。

2.4 个月：语音小游戏

等宝宝长到 2 个月时，他就慢慢理解了语言内的信息，理解表达的意思。比方说，当宝宝听到有人高声吵架时，他会啼哭。到了 4 个月左右，宝宝就可以和他人进行"发音互动"，并且能分辨和模仿成人的语音。

这个阶段的发音练习，妈妈最好采用简单的语音小游戏的方式与宝宝沟通。如对着宝宝发出一些清晰的声音——啊、呀、唔等，让宝宝去学着模仿，宝宝会很配合你的，你会发现宝宝的世界是这么神奇，生命是这么美妙。

3.7—9 个月：模仿与口腔练习

宝宝开始"咿呀"学语，标志着发音进入一个新的阶段，这意味着宝宝开始学习说话了。这时应该如何对宝宝进行发音训练呢？

（1）让宝宝模仿

当宝宝很小的时候，妈妈就要指导他进行发音练习和模仿训练这种声音。一般情况下，宝宝对模仿动物的叫音及汽车、火车发出的声音比较感兴趣。

所以，妈妈可以先教宝宝模仿这些声音，如小狗的"汪汪"、火车的"呜呜"等。在模仿时，可以配上相应的动作和手势，以激起宝宝模仿的兴趣。

如果宝宝发错了音，妈妈要及时纠正，但不要批评，就某一发音进行反复多次校正强化，直到发音正确为止。

（2）口腔练习

为了使宝宝能够自如地发音，在日常生活中，妈妈还要有意识地对宝宝进行口腔练习。比如让宝宝咀嚼较硬的食物，用嘴吹灭蜡烛，还可以让宝宝看着妈妈的口形模仿发音，或做口腔的其他发音练习。

4.9个月后：多听儿歌

到了9个月大时，宝宝就能了解部分语言信息，他们能分辨出语言的节奏和语调的高低，并开始根据外界的环境来对自己的行为与声音加以修饰，而之前那些"胡乱发音"会慢慢消失，母语的语音特征已经有所显现。

这时，妈妈可以给宝宝多听一些儿歌、童谣，它能对宝宝产生潜移默化的影响。

5.宝宝12个月：重复正确发音

宝宝1周岁时，就逐渐能辨别出母语中的各种音素，并认识到这些语音所代表的意义。这使得宝宝能够模仿和学习新的语言，为语言的发声做好重组准备。

这时，妈妈需要集中纠正宝宝发音不准的地方，当发现宝宝的发音不很准确时，应该对他重复正确的发音，并时不时地"抽查"一下。

第四节

声调里的秘密

1. 宝宝声音的分化

宝宝的声音通常被划分为分化与未分化两个阶段。1个月以内的宝宝，哭声是未分化的，是与父母进行交流的一种形式。哭声多是相同的音调，无法从中找出具体的差别。

1个月后的宝宝声音具有分化性，逐渐带有条件反射的性质。细心观察，妈妈可以通过哭声辨别哪种代表的是宝宝饿了，哪一种是疼痛或不舒服。不同原因引起的哭叫，反射在口、舌部位，音高及声音的节奏上虽然有了分化，但却很粗略。

大约从第五周开始，宝宝会开始发出一些非哭叫的声音，这些是发音器官的偶然动作先出现类似于后元音的 a、o、u、e 等，随后出现辅音 k、p、m 等。这些音并无实际意义，只是嘴张开的大小而形成不同的声音。因为宝宝的牙齿还未长出，所以也就没有齿音。

2. 逗宝宝发音的方法

有的妈妈错误地认为，反正宝宝迟早要开口说话的，何必对他进行发音引导呢？其实，引导宝宝发音不仅让其学习控制发音器官，还能促进他理解语言的能力，更能促进亲子情感交流等。一举多得，何乐而不为呢？

逗宝宝发音，可以采取以下的方法：

（1）玩法

这种方法的关键点是，在宝宝玩得很开心时，妈妈可以运用各种方法逗引宝宝发音，与宝宝面对面地"交谈"，宝宝一定会很开心。

（2）说笑逗引法

该方法的关键点是，妈妈抱起宝宝，与宝宝面对面地，用愉

快的口气及表情和宝宝说笑、逗乐，使他发出"呃、啊"的声音或笑声。

（3）玩具逗引法

该方法的关键点是，妈妈用宝宝喜爱的玩具、图片逗引他发音，一旦宝宝兴奋地手舞足蹈时，就会发出"咿、啊"的声音。

（4）户外活动逗引法

该方法的关键点是，在户外活动，遇到宝宝感兴趣的事物，宝宝就会高兴地咿呀作语。不过要注意的是，该方法不适合刚出生不久的宝宝。

（5）家人轮流逗引法

该方法的关键点是，在逗引时，家人可轮流逗乐宝宝。宝宝在妈妈怀中更爱笑出声音，四肢及全身都会有愉快的动作。

需要注意的是，一旦逗引宝宝主动发音，妈妈就要富有感情地称赞他，并轻柔地抚摸他，与他交谈。不要以为宝宝小，听不懂大人说的话，其实他什么都懂，只是不表达。

3. 训练宝宝的听力

妈妈应从宝宝 7—9 个月时的心理特点出发，在日常生活中积极寻找听力培养的载体，努力将听力训练融于生活中。

（1）借助日常生活进行综合训练

比如，喂宝宝喝奶前，妈妈对着宝宝说："用小手试一试奶瓶，不烫了再喝。"睡觉前，对宝宝说："先听音乐再入睡。"玩积木时先听妈妈说："先取出一个或都取出后再玩。"

再如，在给宝宝看图片讲故事时，妈妈可以巧妙地将听力培养渗透其中。妈妈让宝宝看图，一边讲故事，一边让宝宝指出图片上的实物，这样耳听、眼看、手动，同步接受"同一意义"的听觉信息。

（2）借助游戏，提高听力的注意力

7—9个月大的宝宝，语音听辨能力较弱，妈妈应借助游戏对宝宝进行听力训练。

如"小小录音机"的游戏，妈妈和宝宝互为"录音机"，一方"录音"（随意模仿一声动物叫或说一个词），另一方"放音"（将对方的话复述出来）。这样反复时常训练，宝宝的听力在不知不觉中就会得到提高。

（3）借助日常生活，进行全面渗透

第一，在活动中为宝宝创设听知环境，如可以录制一盘常听到的声音的磁带，像自来水的流水声、房间里的脚步声、常见动物的叫声等，经常放给宝宝听，培养宝宝的倾听习惯。

第二，通过经常性发出的指令来训练宝宝的听力和按指令行动。如妈妈让宝宝"叫妈妈"；桌子上放红黄两种颜色的手绢，先让宝宝反复认清两色的手绢后，再让宝宝拿出其中一条。

第六章

妈妈爱婴语单词

第一节

婴语单词表

研究发现，父母学习婴儿手语不仅有利于宝宝的健康发育，还有利于智力水平的开发。但是婴语针对不同的宝宝，存在以下特点：

1. 个体差异性

由于宝宝个体差异及育养差异，相同的现象在不同的宝宝身上可能有不同的意思。

2. 不确定性

单独的表象可能有不同的原因，需要妈妈从多方面来仔细观察和解读。

3. 可塑造性

妈妈可以训练不懂说话的宝宝用婴语沟通，令不懂语言的宝宝也可表达自己的想法。比如，握紧拳头代表吃奶，上下摆动小手代表洗澡等。

4. 阶段性

同一个宝宝表达同一事件在不同阶段也有不同表达方式。随着宝宝的不断成长，其表达方式也会不断丰富。

5. 互动性

妈妈与宝宝之间的互动十分重要，宝宝产生的一个婴语表达，同时需要得到妈妈的回应，妈妈的正确回应有利于宝宝的健康成长。

由于婴语存在以上特点，妈妈需要注意，不要盲目地对号入座，而应多方面观察和考虑。选择正确的方式，才能帮助宝宝健康成长。

接下来我们为妈妈们准备一份婴语单词表，希望它帮助妈妈们快速解读宝宝的行为和表情。

1. 湿疹：过敏性皮肤病

湿疹是新生宝宝一种常见的过敏性皮肤病。这种皮肤病易发生在0—2岁的宝宝身上，主要分布在头、面部、颈背和四肢，表现为米粒样大小的红色丘疹或斑疹。

湿疹与遗传因素有关，有的宝宝天生就是过敏体质。很多含蛋白质的食物经常可以引起这类宝宝皮肤过敏而发生湿疹，如牛奶、鸡蛋、鱼、肉、虾等。

患有湿疹的宝宝皮肤很敏感,所以不要让他太干、太热、太晒,这些都可能刺激湿疹加重。此外每天要给宝宝洗澡,但尽量少用化学洗浴用品,洗擦干净后可以给宝宝涂湿疹膏缓解不适。湿疹密集成片或痒得厉害时,则要带宝宝看皮肤科医生。

2. 呛奶、溢奶:每个宝宝要经历的

呛奶、溢奶是宝宝吃奶时,经常出现的情况。母乳喂养时,呛奶主要是妈妈的奶流速快引起的,这一口还没咽下去下一口又来了,所以容易呛奶。而人工喂养时往往是因为奶嘴开孔太大引起的。

对于母乳喂养出现的呛奶,妈妈可以在奶胀时用吸奶器吸掉一些或者用手挤一挤,减慢奶流速度后再喂宝宝,可能会减少呛奶的出现机会。如果是人工喂养,妈妈可以将奶嘴调整到适合宝宝的型号。

溢奶是宝宝喝完奶水过一段时间后,从嘴里自然流出奶水的现象。溢奶量少,多出现在刚吃完奶后,一般吐出一两口,宝宝表情自然,不痛苦。

溢奶主要的原因是宝宝掌管食道与胃部的连接关卡——贲门的肌肉还未发育完全,无法紧密地阻挡奶水逆流回食道,或是宝宝在吮奶时吸入过多的空气进入胃部,在打嗝时,就容易带出奶水,造成溢奶。

溢奶是几乎每个宝宝都要经历的,当宝宝长到2—3个月大时,贲门的肌肉发育完善后,溢奶的情形就会逐渐改善。妈妈应该在每次喂奶后把宝宝竖起来放在肩上轻轻拍背,直到宝宝打嗝以后

才能躺下，这样就可以减少溢奶。

0—2个月的宝宝，一般不用枕头，但最好床垫是倾斜15度的—头高脚低。如果宝宝的床无法倾斜，可在头下垫一块折叠的毛巾，放下时头偏向一侧，以免溢奶时奶水呛到气管里。

3.辅食添加：养成进食习惯

妈妈若能在宝宝4—6个月时给他合理添加水果、蔬菜、蛋黄、米粥等辅食，让其食欲的发展得到良性刺激，便能养成良好的进食习惯。

如何正确地进行添加辅食呢？初次添加最好在上午，这样吃了若有什么不适应的话，下午还能去看医生。6个月内每天上午添加一顿辅食就够了。6个月后，可以在傍晚6点左右再加一顿米粉或粥，临睡前再来一瓶奶，这样宝宝就很饱了，夜里可以睡得很安稳。

添加辅食一定要遵循以下原则：

（1）添加的品种由一种到多种，先试一种辅食，过三天至一星期后，如宝宝没有消化不良或过敏反应再添加第二种辅食品。

（2）添加的数量由少量到多量，待宝宝对一种食品耐受后逐渐加量，以免引起消化功能紊乱。

（3）食物的制作应精细。从流质开始，逐步过渡到半流质，再逐步到固体食物，让宝宝有个适应过程。

此外辅食添加的时间，最好在吃奶以前，在宝宝饥饿时容易接受新的食物。天气过热和宝宝身体不适时应暂缓添加新辅食以免引起消化功能紊乱。

4. 咳嗽：肌体防御反射

宝宝咳嗽是为了排出呼吸道分泌物或异物而做出的一种机体防御反射动作。即，咳嗽是宝宝的一种保护性生理现象。但是如果咳得厉害，影响了饮食、休息，那它就失去了保护意义。所以对于咳嗽，一定要弄清楚是由于什么原因引起的，再对症处理。

有的宝宝白天咳嗽不明显，而晚上较严重，这可能是晚上天气较凉引起的，也可能是室内空气干燥造成的，可以给宝宝喝温开水缓解，或吃些止咳药。

出现咳嗽的宝宝在饮食上要特别注意。食用冷饮等寒凉食物不仅会加重宝宝的咳嗽，更会造成其脾胃功能下降。因为多数宝宝脾胃虚弱。少量多次饮水，吃些梨、桃等水果，有助于缓解宝宝的不适症状，减轻咳嗽。

5. 睡眠不好：闹觉、夜惊、失眠

宝宝出现闹觉、夜惊或失眠，妈妈可从以下几个方面查找原因：

（1）不正确的睡眠姿势，如蒙头睡觉、趴着睡觉，或者两手压着前胸，这些睡姿都会影响宝宝的睡眠，容易引起夜惊。

（2）白天或临睡前过度兴奋，如白天休息少，在户外玩耍或受到惊吓，大脑过度兴奋，晚上睡觉时就容易发生夜惊。

（3）癫痫，个别癫痫患儿发作在睡眠时，除全身肌肉抽搐外，还有胡言乱语，哭叫吵闹等表现。纠正的方法是白天减少宝宝的睡眠时间，多逗宝宝，晚上宝宝睡眠会有所改善，经过一段时间后，宝宝的生活有了规律，晚上就会睡得安稳。

6.缺钙：容易夜里苦恼

缺钙的宝宝夜间经常哭闹。以下几个原因可以帮助妈妈排查宝宝是否缺钙：

（1）常表现为多汗，与温度无关，特别是入睡后头部出汗，使宝宝头颅不断摩擦枕头，久之颅后可见枕秃圈。

（2）精神烦躁，对周围环境不感兴趣，有时家长发现宝宝不如从前活泼。

（3）夜惊，夜间常突然惊醒，啼哭不止。

（4）前额高突，形成方颅。常有串珠肋，是由于缺乏维生素D，肋软骨增生，各个肋骨的软骨增生连起似串珠样，常压迫肺脏，使宝宝通气不畅，容易患气管炎，肺炎。

妈妈可以定期带宝宝到医院保健科做个检查。如果宝宝真的是缺钙，妈妈就要为宝宝补鱼肝油和钙剂，并让宝宝多晒太阳，1个月以上的宝宝，最好每天有2个小时的户外活动时间。

7.肠绞痛：肠道蠕动不规则

在宝宝未满4个月之前，其肠壁神经发育还不成熟，肠道蠕动不规则，容易蠕动过快，纠结在一起而导致痉挛疼痛。这就是我们常说的肠绞痛。它发作时间主要在下午 4 点至 8 点和凌晨零点前后。肠绞痛发作时，宝宝多以高分贝的哭声和握拳踢腿的动作来表达。妈妈可发抱着宝宝安抚他，或是轻揉宝宝的腹部，缓和肠痉挛。

8．大便：饮食不当，缺水所致

便秘多见于人工喂养宝宝，多为饮食不当、饮水少所致。宝宝排大便困难，大便很干，可呈颗粒状，往往几天才大便一次，宝宝还可出现腹胀、不安等表现。

对于便秘的宝宝，妈妈可喂宝宝含益生菌成分的配方奶，能缓解便秘，此外，6 个月以上的宝宝，可每天吃些苹果泥、香蕉泥等。

腹泻多发生于秋季，多由肠道病毒感染引起。宝宝每天大便的次数多达 10 次以上，呈水样，量较多。由于水分流失多，宝宝常常出现脱水表现如口唇干燥、眼窝凹陷、眼泪少或无眼泪、小便少或无、皮肤弹性差等，还可能出现精神不振、吐奶、不吃奶等现象，应及早就诊，并应注意宝宝用具如橡皮奶头等的消毒。

大便中奶瓣，往往是消化不良的表现；大便中有泡沫，往往是有肠道感染；大便中带血可能是更为严重的疾病（如肠套叠），妈妈要细心观察，及时发现隐情。

9．发热：免疫力较低引起

宝宝发烧的原因有很多，大体可分为以下几种：

（1）外在因素

宝宝体温受外在环境影响，如天热时衣服穿太多，水喝太少，室内空气不流通。

（2）内在因素

生病、感冒、气管炎、喉咙发炎或其他疾病。

（3）其他因素

如预防注射，包括麻疹、霍乱、白喉、百白咳、破伤风等反应。退烧方面，6个月以上的宝宝才能"考虑"用退烧药。

一般情况下，宝宝的体温要到38.5℃以上能用退烧药，低烧不必使用。宝宝的免疫力较低，护理不好病毒极易入侵，而用药极为不便，新生宝宝妈妈平时可用紫灵芝煮水或泡茶喝，以增强自身和宝宝的免疫力。

10. 中耳炎：奶汁流进耳朵感染

当眼泪或是奶汁流进宝宝的耳朵时，可能造成耳朵感染，患上中耳炎。宝宝患中耳炎时，表现为耳朵疼痛，啼哭不止，并经常用手抓耳，伴发热、拒奶等症状。

母乳喂养的宝宝，特别在夜间喂奶时，妈妈应尽量抱起宝宝，防止因宝宝头部位置过低，其口含的剩余奶汁在熟睡后流入咽鼓管内而引起炎症。

人工哺养的宝宝，特别是三个月以内的宝宝，要采取正确的喂奶姿势。如果用奶瓶喂奶，不能让宝宝平躺仰卧，应该先把宝宝抱起来放在膝上，再将其头部斜枕在妈妈的左臂上，再用右手拿着奶瓶喂奶。喂奶速度也不可太快、太猛，当宝宝哭闹时应暂停喂奶，以免咳呛将牛奶喷入咽鼓管。

此外，感冒也可能引起中耳炎。当宝宝患中耳炎时，要及时治疗。有积脓或积液，要听从医生建议，及时排脓。

11. 流口水：吞咽功能不健全

宝宝长到 3 个月左右时，口水的分泌量会增加。等到宝宝 4—5 个月大，辅食添加对其成长起到了举足轻重的作用。这时，饮食中逐渐补充了含淀粉等营养成分的糊状食物，唾液腺受到这些食物的刺激后，唾液分泌明显增加。6 个月左右宝宝开始长第一颗牙齿。乳牙萌出时，小牙顶出牙龈向外长，会引起牙龈组织轻度肿胀不适，从而刺激了牙龈上的神经，导致唾液腺反射性地分泌增加。

宝宝的口腔小而浅，吞咽功能不健全，不会用吞咽动作来协调口水，所以当唾液分泌稍多或是宝宝高兴、嬉笑时，可能就会因无法将分泌出来的口水全部咽下去，而流出口腔。

宝宝口水流得较多时，妈妈注意护理好宝宝口腔周围的皮肤，每天至少用清水清洗两次。让宝宝的脸部、颈部保持干爽，避免患上湿疹。不要用较粗糙的手帕或毛巾在宝宝的嘴边抹来抹去，容易损伤皮肤。

要用非常柔软的手帕或纸巾一点点蘸去流在嘴巴外面的口水，让口周保持干燥。尽量避免用含香精的湿纸巾帮宝宝擦拭脸部，以免刺激皮肤。为防止口水将颈前、胸上部衣服弄湿，可以给宝宝挂个全棉的口水巾。

12. 怕水：宝宝缺乏安全感

宝宝洗澡哭闹、怕水，原因是多方面的。

（1）不愉快的洗澡经历

宝宝曾经有过洗澡时不愉快经历所致，洗澡水太热，这是最常见的原因。

（2）洗发露和洗澡水流到眼睛里

宝宝十分害怕洗发露或者洗澡水流到眼睛里，有的宝宝甚至讨厌水溅到他的脸上。

（3）身体的不适感

凉凉的沐浴露和硬硬的肥皂直接接触身体，宝宝不喜欢妈妈把肥皂或者沐浴露直接往他身上抹、硬硬的、凉凉的，很不舒服。

为了让宝宝不怕水，给他洗澡时放一些嬉水玩具。让宝宝先坐在里面玩，转移注意力。洗澡水用水温度计测量（40℃左右），而不是仅仅用手测。洗头时选择无泪配方洗发液。沐浴露要揉出泡沫再涂到宝宝身上。最后，妈妈要一直在宝宝伸手能抓到的地方，让宝宝有安全感。

13. 安抚：独立意识觉醒

宝宝喜欢吸吮自己的拇指或者安抚奶嘴，但是那些安抚物与宝宝的独立性格有什么联系吗？

大约在 6 个月的时候，婴儿在模模糊糊中意识到自己是个独立的人，说得更确切点：他们逐渐表露出一定的本能——坚持与父母的身体保持轻微的距离，坚持自己做某件事的权利，并因此开始意识到这种独立的重要性。而且这种独立意识会不断地增强。

但宝宝这么小必然会遇到疲乏或不快乐的时候，这时他会渴望回到婴儿早期，重温在母亲怀中吃奶的那种幸福、安全的感觉，心理学家称这种倾向为压力下的倒退。

可另一方面，宝宝又不愿放弃他们已经取得的那种宝贵的独立，于是他们就利用安抚物来追回早期的安全感。这是种两全其美的方法，既能获得快乐和安全，同时又不用放弃自己的独立。

妈妈要注意的是，勤为宝宝洗手，安抚奶嘴要每天消毒。此外，每天和宝宝有充分的肌肤接触，也是对宝宝的精神安抚。

14. 吃药："神不知，鬼不觉"地喂药

喂宝宝吃药是一件困难的事，妈妈们需要掌握喂药技巧。

口腔注射器可以有效地帮助小宝宝吃药。喷射位置最好在两颊内侧，不要伸到太里面，以防宝宝窒息或者咳嗽。注射时不用一次性喷进去，每次一点，让宝宝慢慢消化。此外，让宝宝竖直坐起，然后在头部垂直上方悬挂玩具，吸引宝宝抬头观看，当宝宝注意力集中在一点时，小嘴会微微张开，迅速滴一滴药进去，如果动作熟练的话，可以达到"神不知，宝不觉"的效果。

妈妈要注意，喂药时不能将药物与乳汁或果汁混合，会降低药效。不要捏鼻子喂药，不要在宝宝哭闹时喂药，这样不仅容易使宝宝呛着，还会让宝宝越来越害怕，并抗拒吃药。

15．喝水：每天摄取足量水分

宝宝年龄越小，体内所需水分的含量比例就越高。宝宝生长发育快，需要水分明显比成人多，而宝宝肾功能尚不完善，水分消耗也较快。一般情况下每千克体重需水量：0—1 岁为 120—160 毫升。

每天宝宝摄取水分的方式是多方面的，一是直接从饮用水中获得；二是从饮食中获得。应该从小培养宝宝喝白开水的好习惯，刚开始喂水时可用水果或蔬菜煮成果水或菜水，不必添加任何东西，维持原味。另外，白开水中还可以加入一些补钙的冲剂，如：劲得钙桔味泡腾冲剂等。

需要提醒的是，夏天应适当增加水量。感冒、发烧及呕吐或腹泻脱水时更应频繁饮水。此外，白开水就是白开水，水果和果汁不能代替水。

16．认生：社会意识觉醒

"怕生"是宝宝社会性发展到一定程度的体现。它是宝宝感知、辨别和记忆能力、情绪和人际关系获得发展的体现。

细心的妈妈会发现，宝宝在 3—4 个月时已能对妈妈做出反应，只要妈妈走近宝宝，他就会冲妈妈乐，以此表达自己快乐的情绪。

5 个月的时候，随着宝宝自我认识和活动范围的扩大，宝宝的识别能力不断增强，已能区别父母和其他人。

6 个月的宝宝已开始有了依恋、害怕、认生、厌恶、爱好等情绪，对熟人表现出明显的好感，并且能够根据家庭成员的亲近程度表现出不同的反应。出于自我保护的目的，这个阶段的宝宝对陌生人和陌生环境就会表现出过敏反应，对妈妈则最为依恋。

八九个月的宝宝认生的现象更为常见。

对于认生的宝宝，妈妈们可采取以下方法：

（1）提前预防

在宝宝还不懂得认生的时候，可以有意识地带宝宝多接触其他人。比如，让家里其他人员帮着给宝宝喂奶、喝水、换尿布、逗着说话、抱着玩、做简单的游戏，让宝宝不太熟悉的人逗宝宝玩等，通过与其他人的接触，帮助宝宝适应他可能接触到的各种社会环境。

（2）逐步扩大交往范围

对于认生的宝宝，妈妈可以从宝宝比较熟悉的人开始，让宝宝习惯跟妈妈或者抚育人以外的人交往，然后让宝宝逐渐接触"熟悉的人比较多，而陌生人比较少"的环境，在熟悉了有少数陌生人在场的环境之后，再扩大他的接触范围，让宝宝一点点适应与陌生人交往以及适应陌生环境的能力。

17. 依恋：神奇的亲子关系

出生不久的婴儿依恋成人是十分自然的事情，成人在满足他们生理、心理需要的同时，成人和婴儿逐渐发展了一种依恋关系，这是婴幼儿对于关怀和爱抚他的成人的强烈依恋情感。

某研究发现，2—3个月大时哭闹程度相当的婴儿，甲婴儿的父母对他的哭闹不烦不乱，仍然跟他说话，逗他玩。乙婴儿的父亲则极少花时间陪宝宝，母亲又是只要他一哭就把他抱在怀里走来走去。很少跟他说话，或是陪着他玩。

等到 1 岁左右，甲婴儿只要在父母身边不远，大部分时间都能快快乐乐地自己玩；乙婴儿却仍然时常哭闹，要求大人抱。

如此看来，很可能是甲婴儿的父母由于在带孩子的过程中不烦不乱，能享受乐趣，因此，对于孩子的需求及成长的脉动皆较为敏感，较能适时扩展孩子的行为能力，使得他逐步在不被抱的情况下也能有安全感，能自得其乐。乙婴儿则没有学到这样的能力，仍然要依赖较原始的方式——被抱着才觉得安全、快乐。

由此可以说明，由于依恋能减少婴幼儿的不安与恐惧，他们深知有人关心他们，当他们有需要时成人一定会出现，这样，当他独自活动时，也有一种安全感（有人称这种适度的依恋为安全依恋感），有适度的依恋的孩子能容忍与成人的分离而不焦虑，能够安心地进行独立探索活动，也不会产生遇到困难无人帮助的恐惧感，从而，婴幼儿的独立性就伴随着依恋性而得到发展。所以说，婴幼儿的依恋与独立性的培养是可以协调的，是可以同步进行的，关键在于父母必须给幼儿适度的爱和帮助。

第二节

婴儿手语，你知多少

　　宝宝的手势是一种本能反应，随着宝宝成长，逐渐发展成为有自主意识的手势，这时可以理解成宝宝手语。宝宝的手语是建立在本能反应基础之上的，在生活中重复地指定某种意义作为沟通的方式。有研究表明，有意识地建立宝宝手语能够加快宝宝学习语言的进程。

　　想要解开宝宝的手语之谜，发觉宝宝更多内心的想法，妈妈既要能读懂这些语言，更要学习、使用它。

　　在护理宝宝的过程中，妈妈一定会常见到宝宝的小手做出各种姿势。有些是男宝宝的专利，有些是女宝宝的长项，每个手势里都藏着宝宝的小念头。

　　除了认识宝宝的手语之外，妈妈更应该掌握一套操作自如的手势语言，方便和宝宝沟通。妈妈陪宝宝一起学手语，能显著加快宝宝学习语言的速度。

妈妈通过教宝宝手语，来刺激宝宝的大脑皮层，让宝宝能够将手语与情境互相结合起来。这样做，可以培养一个性格开朗的宝宝，让宝宝变得乐于表达。

比如，宝宝伸出手时，妈妈马上反应过来，握着宝宝的小手，说："握握手，好朋友。"多次重复这样的情境之后，宝宝就能体会到友好的情绪。下次妈妈再说"握握手，好朋友"时，宝宝就会伸手出来，开心地跟妈妈握手了。

手语的培养是妈妈和宝宝沟通的一种方式，而不是刻意去强调对宝宝智力的开发。手语是宝宝学会表达自己的想法和做出反应的身体语言，是妈妈和宝宝之间真挚感情的交流，也是家庭成员之间的乐趣。

1. 婴儿手语是什么

婴儿手语是由美国加州大学教授及婴幼专家发明的。它在美国广泛被使用，并适用于各种正式和非正式场合，比如小朋友间的交流，幼儿园阿姨的指导等，甚至在学会说话以后，该套手语也能起到有益的辅助作用。

事实上，宝宝天生就会使用一套自己的身体语言来表达自己的感受。用食指尖指向他们想要的东西；挥动双手，表示和大人说拜拜；拥抱他们喜欢的人……这些简单手势无需解释，每个人都可以凭借直觉了解其含义。

妈妈不应过多关注于婴儿手语对智力开发的影响。从本质上讲，手语的目的是为了帮助妈妈与宝宝的交流。通过使用手语，增加许多相处的乐趣，只需一个简单动作，就能让妈妈确实感受到亲子之间那种没有任何间隔的真挚感情。

2.6 — 9个月的宝宝可教手语

学习手语，需要肢体协调配合，所以最好在宝宝出生6 — 9个月再开始学习，这时宝宝的协调运动机能已经发育成熟，对周围的事物开始产生较大的兴趣，并且表现出强烈的探索欲望和表达欲望。

不同的孩子学习手语的速度不同，一般来说，1岁左右的宝宝可以学会10个手语。

3.不断和宝宝进行手语交流

教宝宝手语就像教说话一样简单，教的时候最好把每个手势当成语言文字一样对待。具体方法如下：

把整套手势拆分开，先从几个最简单的手势开始。需要注意的是，学习时要选择宝宝最感兴趣的几个部分，这一点因人而异。但不管你从什么手势入手，都要持之以恒，不断地训练，并且要求家人随时使用手语交流，就像平时说话一样。

例如，选择"狗"作为宝宝学习手语的开始，不要在看到狗时做出这个手势，而应当主动地去找。从书本、杂志中去找，总之，任何可能的地方，像电视、玩具店等。这样就能让你的宝宝理解"狗"这个手势。

4.手语促进宝宝智力发育

在教会宝宝手语的时候，一定要和语言联系起来。宝宝在学习运用手语的过程中，大多体现出强烈的好奇心，而一旦宝宝懂得用语言表达，手语就只能是一种辅助手段。等到宝宝会讲话了，有时候还手舞足蹈，很有趣。

美国手语专家曾挑选 140 名 11 个月大的婴儿进行手语试验。1 年后，发觉这些宝宝已经达到 27 — 28 个月宝宝的语言能力，比同龄的宝宝提前 3 个月；当 8 年后，再对这些曾经学习过宝宝手语的孩子进行回访时，发现他们的平均智商比同龄孩子高出 12 个百分点。

这说明，对宝宝进行手语学习，能够促进宝宝的智力发育。

5. 用惯手势，是否变得不爱用口语表达

有的妈妈担心，宝宝学会了手语，是不是变得不爱表达了呢？实际情况恰恰相反，凡是用惯手势的宝宝，学习口语动机反而更强。因为宝宝通过手语提早体验到沟通的好处，所以更加愿意尝试其他有效沟通的方式——口语。

学习手语的第一步

教给宝宝手语就像教他们说话一样简单，最佳的方法就是把每个手势当成语言文字一样对待。

具体来说，就是把整套手势拆分开，先从几个最简单的基本手势开始。你应当通过观察，选择宝宝最感兴趣的几个部分，这一点因人而异。但无论你从什么手势入手，都要持之以恒，不断地训练，并且要求家人随时使用手语交流，就像平时说话一样。

为手语的日常使用创造些机会。比如，假设你选择"猫"作

为宝宝学习手语的开始，不要仅仅在你们撞见邻居家的猫时做出这个手势，而应当主动地去找。你可以带他专门去看，也可以从书本、杂志中去找，总之，任何可能的地方，像电视、玩具店等等。这样就能让你的宝宝理解"猫"这个手势并不局限于邻居家那只猫。

总有一天，你的孩子会找到自己的猫（可能仅仅是一张他喜欢的猫卡片），但却兴趣十足地用手语告诉你关于他的猫的一切。

第三节

妈妈和宝宝一起练手语

1. 妈妈必学的手语

以下这些手语是宝宝最常使用的表意手势，能有效提升亲子之间的沟通效率，是初学手语的妈妈必备实典：

（1）洗刷刷

首先，双手摩擦自己的身体表示"洗澡"。这个手语适合在给宝宝洗澡的时候做。妈妈在给宝宝洗澡时，引导宝宝做出"洗澡"的手语。

其次，教宝宝做一个手语：轻拍自己的臀部，表示宝宝要换尿布了。洗完澡，接下来让宝宝用手语告诉妈妈要换新尿布。这个手势在平时也可以经常使用，多多练习，宝宝可以通过这个方法告知妈妈"尿尿"了。

（2）**安静**

妈妈用食指放在嘴巴前面，但不接触，然后发出"嘘"的声音，这表示"安静"。这个手语适合用在宝宝睡觉前做，宝宝躺在床上，妈妈坐在床沿，面对着宝宝，做这个手语。妈妈做出"安静"的手势，用动作吸引宝宝的注意。

（3）**晚安宝宝**

妈妈双手合十放在头部左侧，然后将头靠向手掌，这个手语的意思表示"睡觉"。妈妈用"睡觉"的手语告诉宝宝该闭上眼睛了。然后，妈妈亲吻宝宝，"晚安，做个好梦！"如果宝宝还不愿意闭上眼睛，可以再重复这个手语的过程，直到宝宝睡意袭来。

（4）**吃**

"吃"的手语就是手做拿食物状，把东西放入口中或是靠近嘴巴。对宝宝来说，这个动作几乎是与生俱来。当宝宝对"吃"的手语和食物间的关联性有所理解之后，就会在肚子饿时用"吃"的手语来取代哭闹。

（5）**喝奶**

在宝宝要喝奶时，妈妈要先问宝宝："要喝奶吗？"一边说一边比画，双手握拳，做出反复挤捏的动作，就像挤牛奶一样，然后再开始喂食。

如果想让宝宝尽快学会手语，就必须让其对需求和手势之间的关系有更好的理解。不过，千万不要为了让宝宝学手语，而让宝宝饿肚子，从而诱导宝宝做出手势，对于年龄较小的婴儿来说，满足生理需求要比学手语重要得多。如果一味让宝宝饿肚子，只会让宝宝哭闹不停，反而不利于学习手语。

（6）我还要

"我还要"的手语比较抽象，双手手指并拢，并反复触碰。在做这个手语时，需要妈妈付出更多的耐心指导，宝宝才能够学习得更有成效。建议妈妈在教这个手语时，先营造学习的气氛，例如明知宝宝还想要，但是故意延迟一下，询问宝宝的意见，久而久之，宝宝自然能够体会这个手势的含义。

宝宝幼小的时候，肌肉发展的尚未完全，或许无法完全相似地完成这个动作，有可能变成双手击掌或是拳头打拳头，此时无需过度要求，毕竟手势只是沟通工具，增强亲子感情。

妈妈在做这些手语时，首先，手势要一致。如果每次手势都不一样，宝宝可能领略不到动作的重点在哪里。不断重复动作。为了让宝宝理解手势的意义，妈妈必须不断重复，当宝宝做出正确的动作时，要给予鼓励。

总之，妈妈在教宝宝手语时，应该在宝宝高兴时进行，而且让宝宝能够慢慢理会手语的意思，能够读懂及解读意思。

2. 教宝宝手语的要领

尽管教给宝宝手语好处很多，但却非常难。不过，只要你掌握了手语的要领，或许可以使这项工作变得简单一点。

（1）边说边教

在教手语时，妈妈一定要边做动作边解释，而且在对宝宝说话时，要面带微笑，柔和专注地看着宝宝的眼睛。可能刚开始宝宝不懂妈妈在做什么，但熟悉之后就会跟着你一起做，并逐渐明白手语的意思。

（2）手语与语言相结合

手语是宝宝说话的桥梁，对于简单的容易发音的词，他会尝试着说；对于难发音的词，宝宝也会用手语表达，这样无疑会促进语言能力的发展。

（3）不断重复

手语一定要不断重复，经常使用，才能让宝宝记忆深刻，因此妈妈在平时说话时，最好附带练习手语动作。等宝宝学会几个常用手语之后，教学就会变得轻松，所以妈妈一开始要有耐心哦。

（4）赞赏宝宝

宝宝学会第一个手语动作后，妈妈要好好地称赞他，这才能激发宝宝学习的欲望。即使宝宝的手势和妈妈教的略有不同，也要多鼓励他。

（5）循序渐进

宝宝学习手语要有合适的进度：0—8 个月的宝宝，以父母的手语演示为主；8—12 个月的宝宝可以自己用一些手势了，父母也能从日常生活中逐渐观察到宝宝用手语表达自己；12 个月以上的宝宝，往往能够更快地学习，当他们可以说出词语的时候，将会减少使用手语的频率。

（6）全家总动员

倘若宝宝能用手语和妈妈以外的人沟通，宝宝会变得更自信；另外，全家人一起学习，更有利于建立亲密融洽的亲子关系。

（7）不要轻易放弃

开始教宝宝学手语时，他可能很不配合，或者学得很慢，所以妈妈一定要有耐心，不能遇到一点困难就放弃。学习需要一段磨合时间，持之以恒才能见到效果。

第四节

探索宝宝的思维进程

很多妈妈都有这样的经历：当你开心地给宝宝换尿布，开心地哄宝宝玩时，宝宝也会开心地回应你。而当你一边吃着早饭，一边忙着给宝宝套上外套，一路小跑地把包挎到手上时，宝宝就知道妈妈心情不好，于是大哭起来。

别看宝宝小，还不会说，甚至连爬、坐都还不会，可是他的小脑袋瓜可没闲着。让我们一起来了解孩子的思维进程吧。

尽管宝宝不知道自己为何会哭，为何会不高兴，但至少他已经会"察言观色"了。当然，他不可能预见妈妈早上的坏脾气会不会影响晚上的情绪。这种根据自己的行为预见其他行为的能力，使宝宝成为真正的"思想家"：这就是"心理理论"。但在 3 岁之前，宝宝不会有这样的理解力。

1. 吃奶的婴儿已经有思维了

尽管宝宝有了语言才会说话，但是某些试验表明，两个月大的宝宝就有自己的看法了，即思维。

对此，科学家曾做过实验：把 8 — 10 周的婴儿放在电视屏幕前，直播妈妈的面孔。屏幕里的妈妈可以直接看到婴儿的脸，并根据婴儿表达的感情，和他说话，对他微笑，安慰他。这时婴儿也会微笑，表现得很平静。

但如果突然中断妈妈同婴儿的直接交流，改为播放刚才妈妈的录像片段。婴儿很快会用打嗝、哭闹、转移目光等方式来表示不满。虽然还是妈妈向他们传递信号和温柔的话语，但这些婴儿已经发现他们的要求和妈妈的回应脱节，还知道这是不合常理的！

如果再回到直接交流会是什么情形呢？有些婴儿对刚才受到"戏弄"的镜头表现出不满，仰起头，不再看屏幕。他们居然表现出对这种做法不能忍受！

8 个月以后的婴儿能和你思维相通，这个年龄段的婴儿跨越了社会化的关键阶段，他对人对物都感兴趣，并希望让你分享他的发现。

宝宝经常会指着一片树叶、一只鸟或是一片云彩，不管他指什么，你都要兴奋地回应他："是啊，好美呀！"这时他就会很满足，因为他已经和你建立起了思维的相通。

宝宝出生后，妈妈几乎是下意识地模仿他，他在躺小床伸懒腰，你会张开胳膊并说："宝贝，睡了一个好觉，伸伸懒腰多舒服呀！"宝宝看你这样做，也会模仿你。以至于一段时间过后，你都不知道是谁在模仿谁了。

8—9个月的时候，妈妈用小手帕遮住脸，问："妈妈在哪里？"然后很快拿掉小手帕，说："妈妈在这里！"这时宝宝会格格大笑。一两个月过后，你会发现宝宝也会把一样东西放在头上，然后大笑——他在玩"我在这呢"的游戏！

10—12个月的宝宝很爱模仿成人的行为，他这时很喜欢玩电话和玩具餐具。所以，有人认为，在模仿成人的行为时，宝宝更好地拥有了"心理理论"中的预测能力。

2. 成年的猴子与婴儿

1978年，美国的两名科学家做了一项有趣的思维实验。当着一只长尾猴的面，这两名科学家让一位男士站在一串香蕉下，伸长胳膊跳起来，做出想去够香蕉的样子。男士走开后，长尾猴走到刚才男士站着的地方，抬头看了看香蕉。同时当它发现旁边有一把椅子后，它居然会爬上去够香蕉！

猴子的表现说明它能够进行思维活动：这个人不是因为高兴

而跳跃，是为了够香蕉，而且他没够着！这给科学家带来极大的疑问：如果猴子不需要学习语言就能够懂得人类的意图，那我们的小婴儿是不是也是如此呢？

让1岁半以前的宝宝照镜子，他开始会以为镜子里的人是另外一个宝宝。等他看到自己周围的东西和镜子里的一模一样，又发现里边的人衣服也和自己一样时，通过推理，他就能意识到，镜子里的那个宝宝就是他自己！

3. 宝宝的思维发展进程

在培养宝宝的思维能力前，要先了解宝宝的思维发展进程，然后再有针对性对他们进行思维能力训练。

0—2岁：这个年龄的宝贝还不太具备思维能力，他们更多的是像照相机一样从环境中吸收一切信息，并将这些信息内化成产生思维的素材。

2—3岁：宝贝的思维表现为直觉思维，而且常常是单向思维，即从一个角度而且常常是从他自己的角度去认识事物。

3—4岁：宝贝的思维没有深度和广度，无法对他进行深层次的思维训练，但是可以通过一些游戏对宝贝进行熏陶，提高他的思维能力。

4. 创意思考促进方案

要想宝宝聪明，从小就要培养他的思维能力，良好的思维能力应该具备广阔、深刻、敏捷的特点，独立性、批判性和逻辑性要强。以下几个方案可以帮助妈妈促进宝宝创意思考能力的培养：

（1）给予宝宝足够丰富的环境刺激。从宝贝一出生，妈妈就要给他营造一个色彩丰富、声响多样、有着不同类型玩具、不同味道和气味的环境，给予他的五官以足够的刺激，促进他们思维发展的中心就是给予他们尽可能多的环境刺激。

（2）游戏是宝宝喜欢的一种活动，在游戏中父母可以用自问自答的形式来给宝宝讲解一些有比较性、概括性的概念，如大、小，多、少，上、下，也可以让宝宝在游戏中找出相同的东西，借以培养宝宝善于区别事物不同点的能力。

在日常生活中，当宝宝遇到困难时，不要马上去帮助解决，而要留点时间和机会让他自己想办法解决。例如东西拿不到怎么办？皮球滚到哪里去呢？培养孩子自己动脑筋解决问题的能力。

（3）鼓励宝贝换一种方式看世界。对宝贝进行逆向思维训练，主要在于帮助他从小学会从正反两个方面思考问题，判断事物，从小培养宝宝的思维能力。

总之，为了锻炼孩子的思维，家长应该从 0 岁开始就在潜移默化中建构宝宝超群的思维能力。

附 录：

婴语四六级考试，你能得多少分？

本书有关婴语的知识就写到这里，你觉得自己是合格的吗？宝宝咿呀的话语你又听懂了几句？赶快拿支笔，测试一下你是否是称职的妈妈。

以下试卷内容为单选题，每题 10 分，满分 100 分：

1. 为什么宝宝爱吐泡泡？

A. 宝宝自我陶醉中，请勿打扰

B. 宝宝的液腺分泌功能增强，但吞咽功能尚不完善

C. 小金鱼都会吐泡泡嘛

2. 为什么宝宝很容易流口水？

A. 宝宝饿了

B. 宝宝吞咽功能不健全，不会咽口水

C. 宝宝是个馋猫

3. 为什么宝宝老是抓耳朵？

A. 宝宝耳朵不舒服呢

B. 宝宝有些紧张

C. 宝宝学孙悟空呢

4. 为什么宝宝容易吐奶？

A. 宝宝的胃还没有发育成熟存不住奶

B. 宝宝吐着玩的

C. 宝宝跟妈妈玩游戏

5. 为什么宝宝爱吃手指？

A. 宝宝的手上有蜂蜜

B. 宝宝牙痒痒

C. 宝宝通过吸吮寻求安全感

6. 为什么宝宝有时会突然目光发呆、眉筋凸暴、小脸憋红？

A. 宝宝生气了

B. 宝宝要便便了

C. 宝宝害羞了

7. 宝宝的四肢、下巴等处的肌肉为什么有时会不由自主地抖动？

  A. 宝宝要尿尿

  B. 宝宝缺钙了

  C. 宝宝的大脑还没发育好

8. 为什么宝宝有时玩着玩着会心烦、哭闹，还揉眼睛、打哈欠？

  A. 宝宝玩腻味了

  B. 宝宝要睡觉了

  C. 宝宝心情不好

9. 为什么宝宝有时吃着奶会用力咬妈妈的乳头？

  A. 宝宝在生气

  B. 宝宝不知道轻重

  C. 宝宝在长牙牙

10. 为什么宝宝扔到地上的东西，妈妈给他捡起来他会马上又扔掉？

  A. 喜欢看妈妈捡东西的样子

  B. 宝宝在变魔术

  C. 宝宝对新技能享乐其中

正确答案：

1.B2.B3.A4.A5.C6.B7.A8.B9.C10.C

0—60分不及格——真担心你家的宝宝。

60—80分勉勉强强——宝宝的婴语，你都是猜来的吧！

80—90分还不错哦——你的宝宝还挺幸运，至少你能懂点婴语。

100分太棒啦——你的宝宝太幸福啦，你婴语奔"专八"了。

如果做完本测试，你的分数是不及格或者勉强及格，建议你再好好阅读本书。

后　记

做个细心的好妈妈

　　本书主要根据婴幼儿行为特点及成长心理而写的，一定程度上可以作为妈妈育儿的参考书。不过，在此我想告诉广大妈妈，宝宝存在个体差异及养育差异，对于婴儿心理方面的问题，还需要妈妈在日常生活中多方面仔细观察和解读。

　　最后，希望每一个妈妈护理宝宝的道路都是无比顺畅的，希望每一个宝宝都是健健康康成长起来的。这样我们做父母的也会省心不少、放心不少，但宝宝的健康与妈妈们细心的照顾是分不开的，所以希望每一个妈妈都做一个细心的好妈妈。